ISAAC PEREIRE

LA QUESTION

DES

CHEMINS DE FER

Toutes les institutions sociales doivent avoir
pour but l'amélioration du sort moral, intellectuel
et physique de la classe la plus nombreuse et la
plus pauvre.

Tout par le travail, tout pour le travail.

(Avec 5 cartes indiquant la formation successive des réseaux)

PRIX 3 FRANCS

PARIS

IMPRIMERIE G. MOTTÉROZ

31, RUE DU DRAGON, 31

1879

LA

QUESTION DES CHEMINS DE FER

V

Paris. — Imprimerie MOTTEROZ, rue du Dragon, 31.

ISAAC PEREIRE

LA QUESTION

DES

CHEMINS DE FER

Toutes les institutions sociales doivent avoir
pour but l'amélioration du sort moral, intellectuel
et physique de la classe la plus nombreuse et la
plus pauvre.

Tout par le travail, tout pour le travail.

(Avec 5 cartes indiquant la formation successive des réseaux)

PARIS
IMPRIMERIE CL. MOTTEROZ
31, RUE DU DRAGON, 31

1879

INTRODUCTION

APPRÉCIATION DES PROJETS DU MINISTÈRE DU 13 DÉCEMBRE

17 janvier 1878.

Le ministère du 13 décembre paraît convaincu de la nécessité de donner promptement satisfaction aux intérêts du pays trop longtemps restés en souffrance : le rapport de M. de Freycinet, ministre des travaux publics, concernant le classement de nos chemins de fer, celui de M. Bardoux établissant la gratuité de l'instruction primaire, indiquent que nous allons enfin entrer dans la période d'action que nous avons tant de fois appelée de nos vœux.

Ces projets, nous l'espérons, ne seront pas les seuls que nous aurons à enregistrer; le ministère a certainement de plus hauts et plus larges desseins; nous ne doutons pas que son intention ne soit d'employer toutes le ressources du crédit non seulement à l'achèvement des lign d'intérêt général qui restent à construire, à celui des chemins d'intérêt local ou vicinal que réclament les besoins du pays, mais encore à l'instruction publique à tous les degrés, à la révision de nos tarifs de douane au point de vue des entraves qu'ils apportent à la liberté des échanges, à la réforme de nos impôts, à celle des octrois et généralement à l'abaissement des taxes de consommation. Le programme est vaste, il exige un grand esprit de suite et le discernement judicieux des moyens les plus propres à atteindre le but sans grever le Trésor de trop lourdes charges et sans léser les intérêts privés. Nous conjurons le gouvernement d'étudier avec soin le meilleur parti à tirer des immenses ressources qui sont entre ses mains, notamment de celles que pourrait lui fournir la mesure de la conversion convenablement réalisée, de ne point éparpiller ses forces, enfin de ne pas épuiser son crédit dans des œuvres secondaires et improductives par des emprunts mal entendus qui nécessiteraient la création de nouveaux impôts, venant s'ajouter à ceux qui pèsent déjà si lourdement sur les classes les plus nombreuses et les plus pauvres.

Les appréhensions que nous manifestons ici nous sont suggérées par le projet de loi qui vient d'être déposé sur le bureau de la Chambre des députés, par M. le ministre des travaux publics, et qui porte rachat par l'État, moyennant une somme de 500,000,000, d'un certain nombre de lignes du réseau secondaire.

Nous souhaitons vivement que cette mesure soit envisagée par la Chambre des députés, ainsi que nous l'envisageons nous-mêmes, c'est-à-dire comme une mesure transitoire, comme un expédient provisoire destiné à mettre fin à un état de choses devenu intolérable, ayant pour but d'empêcher à la f is et la mise en faillite de ces lignes et la cessation de leur exploitation ; nous serions confirmés dans notre sentiment, par le rapport du ministre tendant à classer, d'une manière définitive, en deux grandes sections nos lignes d'intérêt général et celles d'intérêt purement local.

Il s'agit en effet, non pas de pourvoir seulement à la situation de quelques lignes en détresse, mais d'assurer la prompte construction et l'exploitation à bon marché des chemins de fer complétant le réseau français. Il importe que ces lignes soient construites à bref délai ; la prospérité du pays en dépend ; sa puissance industrielle en sera doublée et toutes les classes de la société en ressentiront les bienfaits.

Mais, nous le répétons, ce n'est pas l'unique chose que l'État ait à faire ; gardons-nous d'absorber ses forces dans l'œuvre spéciale des chemins de fer et d'encourager les projets de rachat des lignes existantes que nourrissent beaucoup d'esprits ; gardons-nous-en d'autant plus que nous pouvons faire concourir le crédit des Compagnies à l'achèvement du nouveau réseau. La puissance de ces dernières est immense, puisqu'elles ont pu, avec la garantie de l'État, trouver un capital de dix milliards pour la réalisation de l'œuvre dont elles avaient pris la responsabilité, et qu'elles y consacrent chaque année une somme estimée en moyenne à 500 millions.

On le sait, c'est par l'émission non interrompue d'obligations à longue échéance, lesquelles sont prises par les souscripteurs aux guichets des Compagnies, sans qu'il soit besoin ni d'annonces ni de primes à payer à des banquiers, que sont réunis les capitaux nécessaires à l'exécution de nos chemins de fer. Pourquoi donc irait-on changer ce qui existe et effrayer les contribuables par les émissions que médite

M. le Ministre des finances, d'obligations d'État destinées à faire concurrence à celles des Compagnies?

Celles-ci placent aujourd'hui leurs titres d'emprunt au-dessous de 4 1/2 pour 100, avec amortissement en quatre-vingt-dix-neuf ans. L'expérience a prouvé que, de tous les systèmes, c'est, jusqu'ici, en résumé, le meilleur et le plus favorable à l'achèvement du réseau; bien loin d'y faire opposition et de l'entraver, le Gouvernement devrait aider à son développement par l'amélioration du crédit public, c'est-à-dire par toutes les mesures tendant à l'abaissement du taux de l'intérêt. Ceux qui dénoncent chaque jour le monopole des grandes Compagnies conviendront avec nous, s'ils veulent se dégager un instant de l'esprit de parti, que jamais l'État n'aurait pu tenter ce qu'elles ont entrepris, et n'aurait, dans les circonstances difficiles que la France a eu à traverser, osé demander au public les dix milliards qui ont servi à la construction du réseau actuel.

Que l'État ne traite donc point les grandes Compagnies en ennemies; qu'il les associe à son œuvre et se serve, au contraire, de leur crédit et des moyens d'exploitation dont elles disposent. Il n'est plus question aujourd'hui de grands bénéfices à réaliser, d'imprévu, d'aléa, d'actions à émettre ou à dédoubler, de fortunes à édifier, de banquiers à intéresser : la loi du *déversoir*, dont nous aurons spécialement à nous occuper et qui fait concourir les excédants de recettes des grands réseaux aux insuffisances de produit du réseau secondaire ou au remboursement des avances de l'État, a limité le dividende des actions et les a transformées, en quelque sorte, en obligations à revenu fixe. Voilà ce qu'il ne faut point perdre de vue, voilà ce que le gouvernement sait mieux que personne et ce qu'il peut opposer à ceux qui déclament contre de prétendus privilèges, contre le monopole des grandes Compagnies de chemin de fer.

Ces Compagnies ne sont pas aussi intraitables qu'on le croit, nous en avons pour preuve l'empressement qu'ont mis certaines d'entre elles à faire profiter l'État de la baisse du taux de l'intérêt en réduisant la garantie attachée à leurs obligations, suivant le taux de leurs négociations.

Nous sommes convaincus encore que, en échange de certains avantages utiles à l'intérêt public, ces Compagnies n'hésiteraient pas à accepter les abaissements de tarifs reconnus nécessaires au développement de l'industrie nationale.

Le gouvernement devait choisir entre ces deux systèmes :

Ou bien le rachat de toutes les voies ferrées par l'État;

Ou bien le maintien de toutes les grandes Compagnies, en reliant tous les réseaux secondaires aux réseaux principaux.

L'État est, en ce moment, dans l'impossibilité d'opérer un pareil rachat; et nous dirons de plus que, sans les grandes Compagnies, il serait incapable de construire et d'exploiter convenablement les 17,000 kilomètres de chemins de fer en projet.

Mais de plus graves préoccupations s'imposent au gouvernement. Il serait au-dessous de la mission qui lui a été confiée s'il n'élargissait la sphère de son action et s'il n'utilisait les immenses moyens dont il dispose pour réaliser un large programme d'amélioration du sort des classes les plus nombreuses et les plus pauvres. Ce programme, nous l'avons maintes fois développé; ce n'est celui ni d'un journal, ni d'un individu, c'est le programme de tous ceux qui ont à cœur la grandeur et la prospérité du pays, le rachat et l'émancipation de ceux qui travaillent ou qui souffrent.

Quand nous avons, les premiers, parlé de la suppression des octrois, nous nous sommes heurtés non seulement à des incrédulités, mais encore à des défiances. Aujourd'hui, la question est discutée dans toutes les sociétés d'économie politique, et il n'y a guère de dissentiment que sur les moyens à employer pour atteindre le but.

L'idée de la suppression de certaines taxes de consomm..tion et de la diminution progressive des autres, houilles, fers, fontes, filés, tissus, sucres, et mille autres objets de moindre importance, a déjà fait son chemin. C'est une opinion générale désormais que ces taxes pèsent lourdement sur la production nationale et qu'elles entretiennent la misère parmi les travailleurs. Enfin, les doctrines du libre échange sont justement populaires, parce que la France en a pu apprécier les résultats depuis la signature des traités de 1860.....

Ainsi le terrain est complètement déblayé ; le travail préparatoire qui sert à rallier l'opinion publique aux grandes réformes est achevé, l'heure de l'action a donc sonné ! Que le gouvernement ne laisse point échapper cette heure solennelle !

Tels sont les appréciations et les vœux que nous exprimions au mois de janvier 1877.

Les chapitres suivants ne sont que la reproduction d'articles insérés dans la *Liberté*, au moment où la guerre d'Orient prenant fin, la carrière semblait s'ouvrir de nouveau aux grandes entreprises. En traitant spécialement la question des travaux publics, nous avons voulu signaler les moyens de leur donner le plus large développement possible par la combinaison des forces de l'État et de l'industrie privée.

Nous avons été ainsi amené à exposer les merveilleux résultats déjà obtenus par cette combinaison, et à puiser dans le passé des exemples, des conseils et des inspirations pour l'avenir.

L'histoire que nous avons tracée de la création et du développement des chemins de fer, depuis les premières années de la monarchie de Juillet jusqu'à nos jours, offre souvent à nos lecteurs, parmi les noms des fondateurs de cette industrie, celui de M. Émile Pereire, mon frère, et le mien. Oublier la part que nous avons prise à l'établissement des chemins de fer en France et en Europe, n'était pas en mon pouvoir. Nous avons été associés d'une manière si intime à toutes les épreuves de cette grande industrie, à tous les efforts accomplis dans les cinquante dernières années, que c'est presque la vie de mon frère et la mienne que j'ai dû raconter. Je l'ai fait avec une sincérité absolue, comme si je n'eusse été que le témoin des événements auxquels nous avons été si activement mêlés, et en me pénétrant de ce que je dois à la fois à la mémoire de mon frère et à la justice de l'histoire.

LES CANAUX ET LES CHEMINS DE FER

1

29 janvier 1878.

Vers la fin du xv⁰ siècle, quand Léonard de Vinci, poète, peintre, musicien, sculpteur, architecte, ingénieur, mathématicien, etc., eut inventé l'écluse, l'idée de canaux de navigation destinés à faire communiquer, malgré les différences de niveau, les bassins des divers fleuves, devint commune aux ingénieurs d'alors et à tous ceux qui se préoccupaient à juste titre d'obvier à la cherté et à la difficulté des transports. Il ne faut donc point s'étonner des grands travaux entrepris dans ce but au cours des xvi⁰ et xvii⁰ siècles.

Les routes n'étant point entretenues, comme aujourd'hui, présentaient le plus triste spectacle : d'ordinaire mal tracées, à peine empierrées, pleines de fondrières, elles n'offraient aucune sûreté; de plus, les provinces, les villes et même les simples communes avaient établi une foule de barrières et de péages qui élevaient encore le prix des transports par terre. Les canaux constituèrent donc un progrès immense; ils eurent alors autant de succès que de nos jours les chemins de fer; toutes les nations de l'Europe en creusèrent à l'envi, et la France, sur ce point, n'est point restée en arrière des autres pays, puisqu'à l'heure présente on y compte environ 5,000 kilomètres de canaux, sans compter les voies fluviales.

Nous ne ferons point l'historique des grands travaux accomplis depuis trois cents ans pour mettre en communication les fleuves des divers bassins de la France. Nous dirons, à l'honneur des gouvernements des siècles passés, que les canaux de navigation aidèrent puissamment à fonder l'unité française, qu'ils contribuèrent à la prospérité du commerce et de l'industrie, ce qui explique la prédilection de Colbert pour ces travaux, et l'ardeur avec laquelle il entreprit le canal du Languedoc, qui met en communication l'Océan et la Méditerranée.

La Restauration s'étudia avec le zèle le plus louable à développer le système de nos voies navigables, et, sous le règne de Charles X, l'État résolut de s'en rendre complètement maître. C'est en effet, en 1827, et dans les années suivantes, que furent rachetés les plus importants canaux du réseau, tels que le canal de Bourgogne, le canal du Rhône au Rhin, etc., etc.

Plus tard, sous le Gouvernement de Juillet, au moment où le Trésor faisait de très grands sacrifices en vue de devenir propriétaire de tous les canaux de navigation, l'industrie des chemins de fer, longtemps stationnaire, fit tout à coup d'immenses progrès. Quelques savants, quelques ingénieurs comprirent aussitôt que la diligence fluviale serait bientôt abandonnée, distancée par la locomotive. Ainsi, en 1832, un journal qui brillait d'un grand éclat par l'autorité et la compétence de ses rédacteurs, le *Globe*, signalait déjà dans plusieurs articles l'état d'infériorité où allait se trouver la navigation fluviale en France, et conseillait de ne plus donner suite aux sacrifices énormes que s'imposait l'État pour le rachat des canaux existants et pour le creusement de ceux en projet.

Comme on était à cette époque très affecté d'anglomanie, les journaux dissidents ne manquaient pas d'invoquer l'exemple de l'Angleterre, possédant alors 1,400 lieues de canaux et persistant à en creuser de nouveaux, bien que l'industrie des chemins de fer eût déjà pris dans le Royaume-Uni une certaine importance. La réponse à ces objections était aisée : L'Angleterre est un pays relativement plat, humide, où les sources sont nombreuses, si bien que les différences de niveau ne constituent point une difficulté sérieuse, et que l'établissement des canaux exige beaucoup moins de capitaux qu'en France. L'abondance des sources les met à l'abri des interruptions de trafic; mais, par-dessus tout, ces canaux sont destinés à relier les différents ports de mer, en évitant de longs circuits autour des côtes.

Il faut bien croire que les critiques du *Globe* ne furent pas sans exercer, à cette époque, quelque influence sur l'opinion, puisque le creusement des canaux subit un temps d'arrêt en France, et c'est pourquoi, sans doute, la *République française* accusait hier la monarchie de Juillet d'avoir sacrifié cette industrie à celle des chemins de fer. Du reste, les entreprises de cette nature, en Angleterre, n'ont donné que de maigres résultats. Si l'on excepte les canaux qui mettent en communication les grandes métropoles industrielles, Londres, Birmingham, Liverpool, Manchester, les

autres ne produisent que des revenus insuffisants à servir les
intérêts du capital engagé.

En France, l'établissement des voies ferrées, leur immense
supériorité, fit bientôt ressortir les inconvénients de la navigation fluviale que les canaux avaient mission d'étendre et de
faciliter. On s'aperçut que le curage des biefs, que l'entretien
des ouvrages d'art, que la réparation des avaries entraînaient
forcément des chômages; souvent l'eau n'arrivait pas en quantité suffisante, et pendant l'hiver, quand un fleuve était encore
navigable malgré le froid, les canaux étaient ordinairement
gelés.

Au début, le commerce apprécia bien mieux que l'industrie
les avantages des chemins de fer. Grâce à ces voies rapides, il
ne se vit plus réduit, comme autrefois, à attendre la réouverture
de la navigation pour expédier ou recevoir des marchandises ;
il put se dispenser d'approvisionnements onéreux, qu'il était
toujours contraint de faire en vue des interruptions et du
chômage des canaux. Le coche ne servit plus dès lors qu'aux
transports des choses sans valeur, des matières encombrantes
et lourdes.

Il suffit de jeter un coup d'œil sur les statistiques publiées par
les soins du corps des ponts et chaussées, pour se rendre compte
de l'imperfection du mode de transport par la voie des canaux.
Ainsi, dans les années 1857 et 1858, il y eut une si grande sé-
cheresse, que le trafic diminua de trois ou quatre cent mille
tonnes, dont bénéficièrent les voies ferrées. L'État, propriétaire
de la plupart des canaux, fit cependant pour conserver sa
clientèle tout son possible, soit par l'aménagement des eaux
et l'amélioration du système des écluses, soit par l'abaissement
des tarifs; mais la batellerie, malgré ces efforts, a décliné visible-

ment presque partout. Son tonnage s'est réduit, son matériel a vieilli et les canaux ne vivent guère aujourd'hui que de l'approvisionnement de quelques usines fondées depuis longtemps au croisement des voies navigables, ou, comme dans le Nord, par le transport des houilles et cokes. Encore nos chemins de fer soutiennent-ils aisément la concurrence des canaux de l'Escaut et de la Meuse.

Les canaux jouent donc, comme nous avons déjà eu l'occasion de le dire, le rôle des routes de terre par rapport aux chemins de fer, celui des vieilles diligences par rapport aux locomotives.

Et cependant il entre aujourd'hui dans le programme du nouveau cabinet de consacrer la somme énorme de 750 millions à l'achèvement de nos canaux et à l'amélioration de nos voies fluviales, lorsque les chemins de fer actuels peuvent suffire largement aux besoins de la circulation pour toutes les matières les plus encombrantes. Le public, qui, depuis quarante ans, a entendu les journaux proclamer la nécessité des canaux, applaudit de toutes ses forces. Mais les hommes qui voient de plus haut et de plus près s'effraient à la pensée que le ministre des travaux publics va demander à l'épargne, au crédit une somme aussi considérable pour obtenir des résultats insignifiants, et qui, d'année en année, deviendront tout à fait négatifs. En effet, les canaux n'auront plus de raison d'être quand notre réseau d'intérêt général sera achevé ; cela n'est pas douteux.

A vrai dire, quelques esprits arriérés et à courte vue persistent à affirmer la nécessité d'opposer par les canaux une concurrence au monopole des chemins de fer, comme si l'État pouvait et devait se faire concurrence à lui-même ; comme qu'il ne lui était pas facile de se rendre maître et à bon compte des tarifs, sur les voies ferrées aussi bien que sur les voies fluviales; nous aurons occasion de le démontrer. La *République française* partage les illusions qu'on se fait sur l'utilité actuelle des canaux; elle écrivait tout récemment :

« Il ne s'agit plus, comme sous l'Empire, d'organiser des
« monopoles puissants en faveur des grands financiers; il ne
« s'agit plus de détruire l'œuvre des générations précédentes,
« en livrant, comme cela a eu lieu pour le Midi, l'exploitation
« des canaux aux fondateurs de Compagnies richement sub-
« ventionnées, etc., etc. »

Nous répondrons à ces déclamations par un seul fait : en 1847, une année où le pain fut si cher dans toute la France, et où le chemin de fer de Paris-Lyon-Méditerranée n'était pas encore entrepris, une tonne de blé par la navigation du Rhône coûtait, de Marseille à Lyon, 145 francs de transport; aujourd'hui, cette même tonne de blé est amenée par chemin de fer, non plus seulement de Marseille à Lyon, mais de Marseille à Paris, pour 30 francs!

Mais tout cela n'est rien, et sans anticiper sur ce que nous aurons à dire à ce sujet, nous pouvons constater dès aujourd'hui que les seuls frais d'entretien des canaux et rivières canalisées appartenant à l'État s'élèvent à 8,400,000 francs, tandis que les droits perçus sont au-dessous de 4 millions et ne représentent pas même la moitié des frais d'entretien, indépendamment de la perte des intérêts du capital engagé !

Non, il ne faut point engloutir 750 millions dans des œuvres que le progrès condamne aujourd'hui. M. de Freycinet le sent lui-même, nous en avons la conviction profonde, et il le sentira bien mieux encore quand il s'agira d'arriver aux voies et moyens propres à réaliser ce système de canaux, de voies fluviales, conçu par M. Krantz et qui lui a été en quelque sorte imposé dans un but politique. Par cet étalage de projets hâtifs et mal étudiés, on veut prouver, sans doute, que le gouvernement de la République est résolu à s'occuper sérieusement des affaires du pays, à protéger et développer largement le travail; rien de mieux, rien de plus louable, mais ce n'est point le coche arriéré qu'il faut rétablir, c'est la locomotive avec sa suite interminable de wagons, qu'il faut faire rayonner sur tous les points du territoire. Ne tournons pas le dos au progrès.

LES CANAUX ET CHEMINS DE FER

II

23 janvier 1878.

Avec une franchise qui l'honore, M. de Freycinet a déclaré, dans le sein de la sous-commission des finances, qu'il considérait comme insuffisant le chiffre d'un milliard indiqué dans son rapport au président de la République pour l'amélioration de nos ports, l'achèvement de nos canaux et autres voies navigables. Ainsi, pour ne parler que des canaux, les 750 millions dont il avait été question devront être portés à un milliard, peut-être à un milliard et demi. Nous n'en serions point surpris, puisque le rapport de M. Krantz, en date du 13 juin 1874, évaluait à 832 millions les dépenses des travaux à faire pour améliorer et compléter le réseau de nos voies navigables. Mais M. Krantz lui-même est resté, paraît-il, fort au-dessous de la vérité. Nous lisons, par exemple, dans plusieurs brochures d'ingénieurs très favorables à son système, que ses calculs manquent de précision; que ses évaluations n'ont point été précédées d'études techniques suffisantes pour qu'il soit permis de les accepter sans réserve. Ainsi, l'un de ces ingénieurs, M. Molinos, chaud partisan des voies navigables, dit clairement que les canaux du bas Rhône et de la Loire pourraient comporter une dépense double de celle indiquée par M. Krantz.

Dans quelle aventure financière allons-nous donc nous engager et comment les partisans des canaux s'obstinent-ils à ne point ouvrir les yeux sur les fautes qu'on est à la veille de commettre? Non, ce n'est point un milliard qu'il faudra dépenser pour améliorer et compléter le réseau de nos voies navigables. Les plans de M. Krantz, adoptés par M. de Freycinet, sont, en résumé, insuffisants, incomplets. De l'aveu de tous les hommes compétents, il convient d'adopter partout un système uniforme d'écluses et de tirants d'eau; autrement la navigation se réduirait à une sorte de cabotage d'eau douce, profitable seulement à quelques petites localités et à quelques centres de population.

On ajoute même qu'il faudrait faire choix d'un bateau type pouvant circuler sur tout le réseau français! Que dirait-on si nos six grandes Compagnies de chemins de fer avaient adopté un type différent pour l'écartement des rails et qu'il fût impossible aux wagons d'une de ces Compagnies d'emprunter la voie d'une Compagnie voisine?

C'est pourtant ce qui existe sur nos canaux où les écluses, les biefs sont de dimensions différentes, où le tirant d'eau varie de 70 centimètres à 2 mètres 30! On voit donc que si l'on veut arriver à l'uniformité du tirant d'eau, il faudra dépenser 2 milliards, peut-être plus. Nous l'avons dit, la batellerie perd chaque jour son outillage; elle est, la plupart du temps, contrainte à entreprendre ses voyages ordinaires avec un demi-chargement, ce qui est ruineux. Nous trouvons dans un rapport que la Compagnie générale de navigation d'Arles à Lyon n'a pu exécuter un seul voyage du milieu de décembre 1873 au mois de mai 1874, c'est-à-dire pendant cinq mois. La navigation sur le Rhône, qui devait porter la batellerie la plus prospère de l'Europe, est aujourd'hui dans un état complet d'abandon. Avant la construction du chemin de fer de Paris–Lyon–Méditerranée, son trafic s'élevait, de Lyon à l'embouchure de la Drôme, à 1,027,000 tonnes; il est tombé, aujourd'hui, à 275,000.

Et c'est au moment où l'on est décidé à achever notre réseau de chemins de fer qu'on irait jeter dans le gouffre deux milliards, peut-être plus, en vue de ressusciter un système de voies navigables dont le commerce et l'industrie ne veulent plus se servir. Nous avons déjà dit que les droits de navigation perçus sur les canaux appartenant à l'État ne représentaient pas la moitié des frais d'entretien mis à sa charge. Le capital qu'on y a consacré est donc entièrement improductif; ce ne serait qu'au prix de sacrifices perpétuels qu'on parviendrait à rouvrir ces voies de navigation ensablées, embourbées, et bientôt abandonnées de tous.

Le même sort serait réservé aux nouvelles voies navigables. Le canal ne ressemble point au chemin de fer; il ne communique la vie à rien. Une forte péniche est conduite d'ordinaire par un seul marinier, avec sa femme et ses enfants. Ce ménage ne descend même point à terre, fait sa cuisine à bord, et on repart à la première éclusée sans avoir excité aucun mouvement d'affaires, sans laisser trace de son passage.

Voilà pourquoi, chose curieuse et importante à noter, ni les villes ni les départements n'ont fait d'instances sérieuses pour obtenir l'amélioration ou l'achèvement de certains canaux.

Le conseil municipal de Paris a émis, il est vrai, plusieurs vœux pour l'amélioration du cours supérieur et inférieur de la Seine; mais est-il besoin de rappeler que les travaux dont il demande l'exécution ont été en partie décrétés depuis 1866. Si l'on n'y a point donné suite, c'est que le gouvernement, sans doute, n'a point jugé utile d'établir lui-même une concurrence avec les lignes parallèles à la Seine. A-t-on, par hasard, intention de créer un port à Rouen, quand les journaux sont remplis des doléances du Havre, à qui le port d'Anvers, mieux outillé, fait un tort si considérable?

M. de Freycinet, en dehors de toutes ces considérations, ne sait point jusqu'où les partisans des voies navigables voudraient l'entraîner. Tous les intéressés aux choses de la batellerie déclarent que les canaux doivent être assimilés aux routes et qu'il ne doit être perçu sur ces voies fluviales aucun droit de navigation. Ainsi l'État, qui ne perçoit même point de ce chef de quoi subvenir à la moitié des frais d'entretien des canaux, aurait la charge tout entière de ces frais sans compter la perte d'intérêt du capital consacré à ces travaux.

Mais, ce qu'il faut dénoncer par-dessus tout, c'est l'idée de faire une concurrence déloyale à des chemins de fer qui appartiendront un jour à l'État, qui lui appartiennent déjà en partie puisqu'il les couvre en ce moment de sa garantie. Il est impossible que M. de Freycinet, homme d'étude et qui connaît à fond le régime de nos chemins de fer, s'associe à une semblable campagne, dont l'État, d'ailleurs, subirait le premier les tristes conséquences. On parle sans cesse d'abaisser les tarifs ; mais que l'État donne donc l'exemple, au lieu de frapper, comme on l'a fait, d'un lourd impôt, d'un impôt de 10 pour 100 les transports par petite vitesse ! On sait la tendresse des rédacteurs de la *République française* pour les rentiers; naguère ils ne voulaient pas entendre parler de conversion; mais, en revanche, ils paraîtraient disposés à faire bon marché de la catégorie des rentiers qui ont placé leurs épargnes sur les chemins de fer et à qui l'on veut absolument, et cela sans profit aucun pour l'intérêt général, créer la concurrence des voies navigables. De semblables contradictions doivent suffire pour mettre à néant de tels projets.

Il est encore un lieu commun dont il faut faire justice. Beaucoup de journaux disent que les voies ferrées sont encombrées, que leur matériel est insuffisant, que les grandes Compagnies transportent tout ce qu'elles peuvent transporter, etc., etc. Tout cela est faux et inventé pour les besoins de la cause ; M. de Freycinet le sait mieux que personne; nos voies ferrées pourraient transporter plus du double de ce qu'elles transportent, y compris ces marchandises lourdes et encombrantes dont on parle avec affectation pour soutenir la prétendue nécessité des canaux. Le matériel des chemins de fer est partout suffisant ; chaque jour les découvertes de la science leur permettent d'améliorer leur service et de diminuer leurs frais d'exploitation. Enfin, abaisser les tarifs est chose plus facile.

MARINE MARCHANDE

L'AMÉLIORATION DES PORTS DE COMMERCE (1)

24 janvier 1878.

Le projet relatif à l'amélioration de nos ports de commerce est de ceux qui appartiennent vraiment au système de M. de Freyciuet et qu'il faut encourager sans restriction. Les ports, nous l'avons dit, sont les véritables têtes de ligne de nos chemins de fer. On ne dépensera jamais trop pour augmenter leur outillage, pour les agrandir et en faciliter l'accès. Sur ce point, nous le répétons, tout le monde sera d'accord. Aussi, bien loin de critiquer le projet, l'appuierons-nous de toutes nos forces, comme nous appuierions aussi la suppression de tous les droits qu' entravent la navigation. Nous sommes convaincus que c   n de transformation de nos ports appartient vraiment à M. de Freycinet et que ce dernier a bien plutôt subi qu'il n'a accepté ceux de M. Krantz, qui, s'ils étaient mis à exécution, contraindraient le gouvernement à

(1) Ce chapitre, que nous avons dû joindre à la présente collection, est dû à la plume d'un des collaborateurs de la *Liberté* les plus compétents en pareille matière.

imposer aux contribuables d'énormes sacrifices pour l'établissement et l'amélioration des voies navigables, condamnées par le progrès et la science moderne.

Nos ports manquent des appareils indispensables aux rapides opérations ; ils pèchent également par la profondeur ; aussi voyons-nous notre marine décroître et les marines étrangères aller chercher chez nos voisins les facilités qu'elles ne trouvent pas chez nous.

En maintes occasions nous avons traité cette question si importante de l'outillage de nos ports ; nous avons appelé l'attention du gouvernement sur l'infériorité de nos ports de commerce vis-à-vis des ports étrangers, dont quelques-uns, récemment créés, ont su cependant détourner à leur profit le grand courant du commerce maritime.

Nous assistons chaque année à la décadence du Havre, notre grand port de la Manche, et nous voyons à côté de lui grandir Anvers, qui tend aujourd'hui à devenir la première place maritime du monde. Ce résultat n'est que la juste compensation des efforts du gouvernement belge et de la municipalité d'Anvers ; pour l'atteindre, on n'a reculé devant aucun sacrifice ; on a brisé tout ce qui pouvait être une entrave à la construction de nouveaux bassins ; on a couvert les quais d'un admirable réseau de voies ferrées ; en un mot, on a mis tout en œuvre pour offrir au commerce maritime les deux conditions qui lui sont indispensables : la sécurité et la rapidité ; là est le secret de la merveilleuse prospérité du port d'Anvers.

Dans nos lenteurs, dans nos hésitations à rompre avec les vieilles traditions, nous trouverons la véritable cause de la décadence du Havre.

Nous sommes restés stationnaires devant la transformation du matériel naval ; nous n'avons pu affecter aux travaux des ports que des crédits trop restreints ; les agrandissements, quand il y en a eu, ont été trop lents, lorsque chez nos voisins on marchait à grands pas.

Sans doute, pendant longtemps encore, il y aura des voiliers employés au grand cabotage et au long cours, mais leur nombre diminue chaque année ; peu à peu ils laissent la place à des steamers d'un tonnage bien plus considérable. Ces immenses navires coûtent beaucoup ; leur entretien est onéreux, et, avec les frets aussi bas qu'ils le sont actuellement, ces bâtiments ne peuvent donner de bénéfices à leurs armateurs ou à leurs actionnaires qu'à la condition de n'être jamais arrêtés dans leurs opérations et de pouvoir les faire dans les conditions les plus économiques. Avec leurs nombreux équipages, les gros intérêts du capital qu'ils représentent, les bâtiments à vapeur ne peuvent rester inactifs dans un port. Pour éviter des manutentions, que des marchandises de faible valeur ne pourraient supporter, il faut donc que des places leur soient réservées le long des quais et que sur ces quais se trouvent les grues à vapeur et les appareils permettant d'opérer rapidement le déchargement. C'est là ce qui constitue l'outillage d'un port ; à cette condition, il faut ajouter l'éclairage et la profondeur des passes et des bassins.

Il n'y a rien à dire sur l'éclairage ; le service des phares est admirablement organisé et nous n'avons rien à envier aux autres puissances sous ce rapport. La profondeur des ports laisse au contraire à désirer ; cela tient à ce que nos quais ont été fondés pour des bâtiments d'un tirant d'eau plus faible que ceux de nos steamers actuels ; de là, de grandes difficultés

pour entretenir un chenal qui est généralement trop étroit ;
si le navire est obligé d'y faire une évolution, il s'échoue ; il
faut alors l'alléger, ce qui entraîne à des dépenses et à des
retards ; or, nous ne saurions trop le dire, le commerce maritime va là où il trouve le plus de facilités, le plus d'économie.

Nous n'avons pas, du reste, la prétention de placer tous les
ports de France dans les conditions que nous venons de développer ; la configuration de nos côtes ne nous le permettrait
pas, surtout dans la Manche et dans l'Atlantique. Nous devons
nous appliquer à maintenir nos ports dans les conditions pour
lesquelles ils ont été créés et porter nos efforts sur le Havre,
Saint-Nazaire, Bordeaux, Marseille, centres de nos grandes
Compagnies maritimes. Il est sans doute indispensable de
creuser nos petits ports de pêche, de les rendre accessibles
aux caboteurs, afin de permettre à nos populations maritimes
de se livrer plus facilement à leur industrie ; mais ce sont là
des dépenses de peu d'importance, et qui ne sauraient entraver les travaux que nous avons à faire dans nos grandes villes
du littoral.

Il ne serait pas juste de dire, du reste, que depuis 1866 on
est partout resté dans une complète inaction ; sur bien des
points des projets sont à l'étude ; sur d'autres, de grands travaux sont en cours d'exécution. Dunkerque termine un nouveau bassin et va construire une cale sèche de radoub ;
Boulogne et Calais vont avoir un port d'un accès facile ; le
Havre a élargi son entrée, pour faciliter la manœuvre des
grands Transatlantiques ; à Saint-Nazaire, on creuse un nouveau bassin.

Dans la Méditerranée, Cette va s'agrandir d'un nouveau
bassin courant parallèlement au chemin de fer P.-L.-M.

Marseille, enfin, notre premier port de France, veut un nouveau bassin à la pointe des Catalans; mais ce qu'il veut surtout, c'est une gare maritime qui relie ses ports à la grande voie ferrée, en permettant aux opérations de se faire rapidement. Le mouvement de la gare de la Joliette est de près de quinze cent mille tonnes, et pour ce mouvement considérable de marchandises, la gare consiste en des rails descendant de la gare Saint-Charles, par des rampes très fortes, jusqu'aux quais, qui sont de près de cinquante mètres en contre-bas. Le service en est très-difficile, et l'on comprend combien les Marseillais insistent pour obtenir une gare maritime bien installée.

L'amélioration de nos ports de commerce est, on le voit, une question d'une extrême urgence; M. de Freycinet pense y affecter un crédit de 250 millions; il nous est difficile de dire si cette somme est suffisante; bien employée, elle améliorerait sans doute nos grands ports et leur permettrait de lutter avantageusement contre leurs rivaux.

L'initiative individuelle doit aussi venir en aide aux efforts du ministre; chambres de commerce, directeurs de ports, armateurs, tous doivent chercher à éclairer la question.

LA

QUESTION DES CHEMINS DE FER

LE RACHAT DES CHEMINS DE FER

PAR L'ÉTAT

I

26 janvier 1878.

Les chemins de fer constituent l'instrument le plus énergique du développement de l'industrie et du bon marché des produits. Ils sont le plus puissant véhicule de la production agricole et industrielle et la source du bien-être des populations des villes, la cherté des transports étant l'un des plus sérieux obstacles à la réalisation du problème de la vie à bon marché.

Compléter la viabilité de notre territoire, étendre les bienfaits des voies ferrées aux contrées les moins favorisées par la nature, et jusqu'aux extrémités les plus reculées du

2

pays, telle doit être la principale préoccupation du Gouvernement.

Il faut donc louer M. de Freycinet de l'activité qu'il a déployée dans ce but dès son entrée au ministère des travaux publics; ses projets de classement des lignes destinées à compléter notre réseau, l'institution de commissions régionales ayant pour objet de distinguer les chemins d'intérêt général de ceux qui sont d'un intérêt purement local, ne méritent que des éloges.

Dans cet ordre d'idées, il serait à souhaiter que l'on pût rectifier la loi de 1865 et déterminer d'une manière précise ce que l'on doit entendre par chemins d'intérêt local; car la loi de 1865, en donnant des pouvoirs excessifs aux conseils généraux, n'a eu d'autre résultat que de jeter le trouble dans le classement et la construction des chemins de fer. Cette loi a détruit l'unité qui avait présidé à leur classification; de plus elle a autorisé en quelque sorte les spéculations les plus excentriques, les plus déréglées, et encouragé une concurrence déloyale à l'égard des Compagnies propriétaires des grandes lignes, tout cela sans la moindre utilité et au plus grand détriment des intérêts du Trésor public : l'état de détresse des lignes créées sous ce régime le prouve assez.

Réviser la loi de 1865 était l'un des premiers devoirs du gouvernement; mais, tout l'invitai. à donner la plus vive impulsion à la construction de nos voies ferrées, en vue de l'achèvement du réseau, à abandonner le système des lignes concurrentes, à multiplier au contraire les affluents, sources nouvelles de prospérité publique, à fournir ainsi un aliment utile et régulier à l'épargne du pays, et à améliorer en même temps la situation des chemins existants.

Malheureusement, les projets du gouvernement n'ont pas été conçus dans cet esprit d'ensemble, dans ce sentiment de concorde et d'union de toutes les forces que nous voudrions voir s'associer dans un intérêt commun.

Ces projets portent, au contraire, l'empreinte d'un esprit de méfiance et d'antagonisme à l'égard des Compagnies auxquelles on est redevable de l'accomplissement d'une œuvre qui a fait la fortune du pays.

Trop d'hommes ont des idées fausses à l'égard de ces Compagnies, et leur esprit est troublé par des fantômes de privilèges et de monopoles; ils ne voient pas que la situation actuelle des Compagnies tient à la nature même des choses et à l'ordre systématique qui a heureusement prévalu dans la détermination du tracé général de notre réseau de chemins de fer.

Il en résulte que, au lieu de chercher des moyens de solution dans une entente nécessaire, indispensable, entre l'État et les Compagnies, on est prêt à leur déclarer la guerre pour s'emparer directement ou indirectement de la magnifique propriété nationale qu'elles ont créée.

Les uns, entraînés par la logique dans leur opposition systématique, poursuivent le rachat des chemins de fer par l'État.

Les autres, moins hardis, aspirent au même but par des moyens détournés, c'est-à-dire en faisant soudoyer par l'État des concurrences aux lignes existantes. Tous sont mus par le désir de rendre le gouvernement maître absolu des tarifs, contrairement aux cahiers des charges des Compagnies, qui n'ont, en somme, d'autre propriété que celle de ces tarifs.

Rien ne saurait arrêter ceux qui ont entrepris cette triste campagne, ni le dommage qu'on éprouverait l'État garant des Compagnies, ni la ruine presque certaine de milliers d'actionnaires et d'obligataires.

De ces deux solutions, la première, celle du rachat des chemins de fer par l'État, serait la plus vraie, la plus sincère, la plus conforme à tous les intérêts, si une rupture avec les Compagnies était devenue inévitable, ce que nous ne croyons pas.

La seconde, consistant à créer avec l'appui de l'État une concurrence détournée aux lignes existantes, est d'une nature bâtarde, oblique, équivoque, attentatoire à la fois aux intérêts de l'État et à ceux des Compagnies ; nuisible au crédit public comme au crédit privé ; grosse de périls et de ruines.

C'est à ce même ordre d'idées, dans le but de faire concurrence aux chemins de fer établis, que se rattache le projet de ressusciter le système des canaux, système vieilli, qui a perdu sans retour, comme application générale, l'utilité dont il fut doué autrefois.

C'est encore dans le même esprit que sont conçus les projets de rachat de chemins secondaires improductifs et d'exécution par l'État des chemins de second et de troisième ordre devant former le complément de notre grand réseau.

Avant d'aborder l'examen de ces divers projets, nous devons nous expliquer sur le système du rachat par l'État de l'ensemble de notre réseau de chemins de fer.

Toutes les lignes du réseau, aux termes des conventions existantes, doivent être réunies au domaine public dans un avenir plus ou moins éloigné. Mais serait-il convenable de devancer l'époque fixée ? Faut-il, par un rachat précipité, intempestif, priver l'État du concours de toutes les forces qui ont participé à la création de cette industrie et à sa bonne administration ?

Nous ne le pensons pas.

Ceux qui poussent le gouvernement dans cette voie sont préoccupés surtout du désir d'obtenir dans les tarifs des abaissements destinés à donner une vive impulsion à l'agriculture, à l'industrie et au commerce.

Nous reconnaissons volontiers les avantages que retirerait le pays de cet abaissement des tarifs; mais les moyens proposés sont-ils les meilleurs et les plus opportuns?

C'est ce que nous allons examiner dans le chapitre suivant.

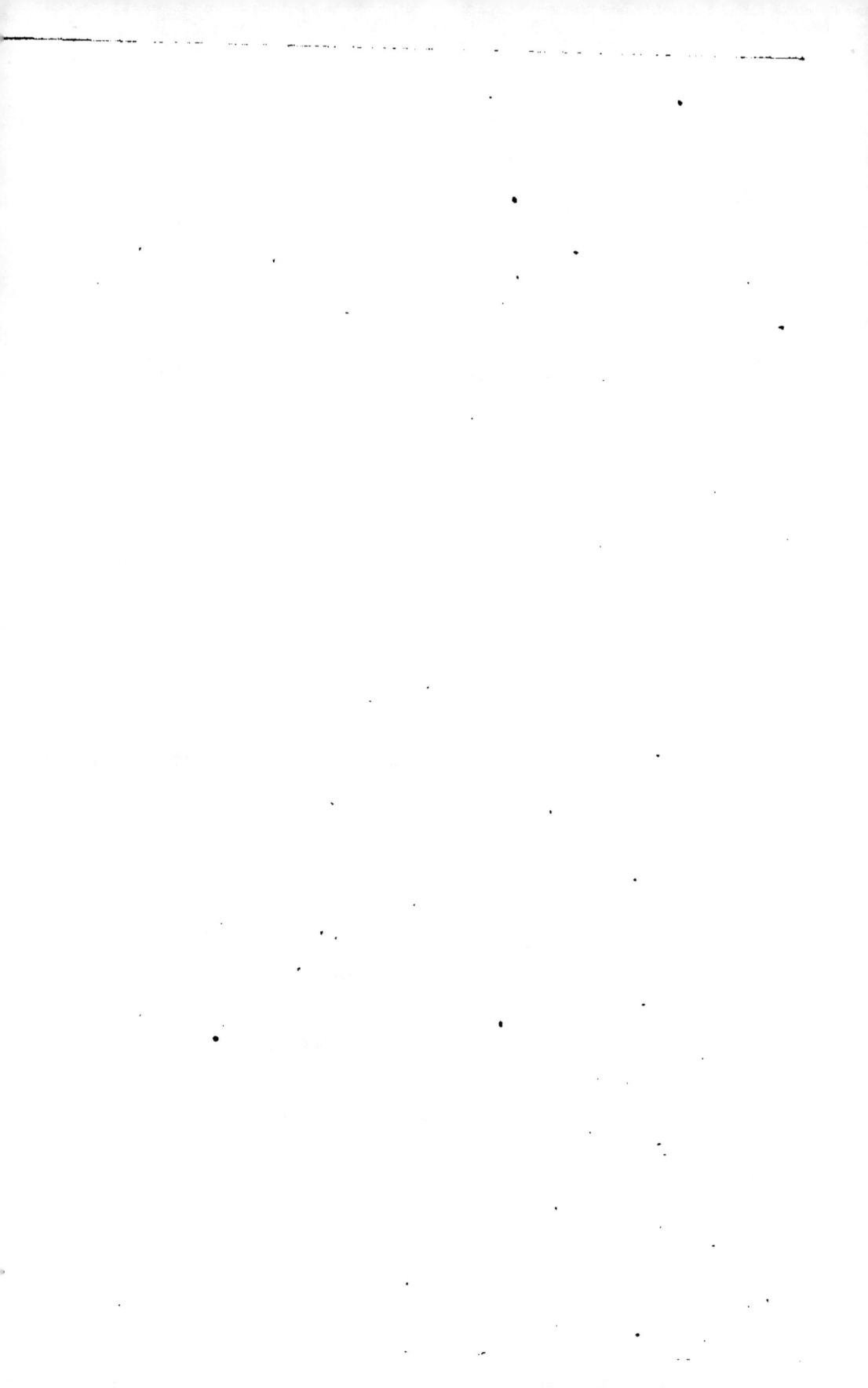

LE RACHAT DES CHEMINS DE FER

PAR L'ÉTAT

Il

27 janvier 1878.

Après avoir démontré, dans le précédent chapitre, la nécessité d'achever la construction de notre réseau d'intérêt général en associant les forces au lieu de les diviser, nous avons abordé la critique de l'idée du rachat par l'État de nos voies ferrées avant le complet achèvement du réseau.

Il nous reste à examiner la situation respective de l'État et des grandes Compagnies, en vue de prouver qu'un rachat précipité serait désastreux pour nos finances et préjudiciable à l'intérêt public.

Le rachat des chemins de fer est loin d'être chose aussi simple que le croient ses partisans; il ne manquerait pas, au contraire, de soulever les plus graves difficultés entre l'État et les Compagnies.

Les conditions de ce rachat ont été déterminées par les premiers cahiers des charges.

Elles consistent :

1° Dans le payement aux actionnaires, pendant les années restant à courir sur chaque concession, d'une annuité égale au produit moyen de l'exploitation des sept dernières années, en retranchant les deux années les plus faibles, le produit moyen ne pouvant être inférieur à celui de la dernière année.

2° Dans le remboursement de tous les objets mobiliers, tels que matériel roulant, c'est-à-dire locomotives et wagons, matériaux, combustibles et approvisionnements de tout genre, mobilier des stations, outillage des ateliers et des gares.

S'est-on bien rendu compte de l'importance de ce remboursement? Il ne s'élèverait pas à moins de 1 milliard, en sus de l'annuité déterminée par les cahiers des charges, annuité dont le règlement serait de nature à créer de sérieux mécomptes à l'État en lui imposant de très grands sacrifices.

En effet, depuis les conventions de 1863, relatives à la création du second réseau, les choses ont bien changé de face.

On a beaucoup reproché au gouvernement précédent d'avoir accordé aux Compagnies, en sus du minimum d'intérêt qui leur était garanti, un taux d'intérêt, pour les émissions de leurs emprunts, supérieur à celui résultant des conditions auxquelles se sont opérées leurs émissions d'obligations, et de leur avoir ainsi permis d'augmenter le dividende qui leur était réservé par ces conventions.

Mais, ce qu'on paraît ignorer complètement, c'est que ce minimum est loin d'être égal aux produits réels de l'ancien réseau, produits qui leur appartenaient bien légitimement.

Ce qu'on ne sait pas assez encore, c'est que les Compagnies ont généralement abandonné à l'État, sous le titre de *déversoir* — terme emprunté à l'art hydraulique — une partie notable de leurs revenus, laquelle s'élève aujourd'hui au cinquième, au quart et même au tiers des produits nets de l'ancien réseau; cet abandon de leur part a été fait en vue des avantages que devait leur procurer — dans un avenir plus ou moins éloigné — la construction des lignes du second réseau.

De son côté l'État, dans l'intérêt de la construction de ces lignes, accordait des subventions diverses et une garantie d'intérêt de 4 pour 100, lequel, avec l'amortissement en cinquante années, formait un total de 4 fr. 65 pour 100. Le gouvernement s'engageait en outre à combler le déficit qui pourrait se produire dans les recettes nettes, après le versement par les Compagnies de l'excédant de leurs produits nets au delà des dividendes qui leur étaient réservés. Telle est la situation.

Ainsi, la Compagnie du Midi, qui ne donne que 40 francs de dividende à ses actionnaires, a déversé à l'État, pour l'année 1876, en faveur du second réseau, une somme de 6,618,000 francs, prélevée sur les recettes nettes de son ancien réseau, et au moyen de laquelle elle aurait pu porter ses dividendes au chiffre de 61 fr. 50, si elle était restée étrangère à la construction de ce second réseau.

Il en est de même, plus ou moins, de toutes les autres Compagnies.

Les sommes ainsi avancées, comme produit de ce qu'on appelle le déversoir, se sont élevées à 600 millions, et M. Christophle, ancien ministre des travaux publics, a pu justement s'écrier, en réponse au rapport de M. Waddington, que c'était grâce aux sacrifices consentis par les actionnaires des grandes Compagnies que le pays avait bénéficié de ces 600 millions pour la construction de lignes secondaires; ce n'est pas là, ajoutait-il, une dette remboursable : ces 600 millions sont acquis définitivement.

Il s'est donc fait, on le voit, entre l'État et les Compagnies, par un échange réciproque de sacrifices, une véritable association qui a rendu possible la construction du nouveau réseau en économisant les deniers de l'État. Cependant les lignes de ce nouveau réseau sont tellement improductives, que, malgré les sacrifices énormes faits par les Compagnies, l'État, pour subvenir à l'insuffisance de leur exploitation et servir les intérêts du capital engagé, a dû avancer une somme qui s'élève aujourd'hui à 462 millions, et dont il doit se rembourser successivement sur les excédants de produits.

Le Nord et le Paris-Lyon-Méditerranée ne figurent pas au nombre des Compagnies à qui des avances ont été faites pour la construction du réseau secondaire; ce qui tient à ce que ces Compagnies ont su habilement faire choix des meilleures lignes dans la construction de leur second réseau. Quant à la Compagnie du Paris-Lyon-Méditerranée, en particulier, elle n'a pas encore exécuté les engagements pris en 1863 pour la construction d'une foule de chemins secondaires dont elle avait accepté la concession dans le seul but d'empêcher la Compagnie du Midi de pousser ses lignes jusqu'à Marseille.

Nous appelons, en passant, l'attention du ministre des travaux publics sur la tolérance illégale dont ses prédécesseurs ont usé à l'égard de cette Compagnie.

Mais les Compagnies n'ont fait, il faut bien le répéter, les sacrifices énormes rappelés ci-dessus, qu'en vue du profit que pourrait leur procurer, dans l'avenir, le développement du trafic sur le second réseau.

Toutes sont en droit d'espérer qu'au bout d'un certain temps elles parviendront à rembourser les sommes avancées par l'État et à récupérer alors le fruit de sacrifices qu'elles n'ont pas entendu s'imposer gratuitement, en pure perte.

Dans une telle situation, pourrait-on, sans une profonde injustice, les contraindre, dans un projet de rachat, à se contenter du minimum de revenu qui leur a été réservé, sans leur tenir compte des éventualités d'avenir en vue desquelles elles ont abandonné une portion de leurs produits nets?

Ne s'élèverait-il pas alors des réclamations ayant pour objet de substituer le produit réel au produit conventionnel?

Nous posons la question sans la résoudre, et nous laissons à nos lecteurs le soin de se faire une opinion à cet égard, car nous ne sommes nullement les avocats des Compagnies ; les intérêts de l'État nous sont même plus chers que ceux de ces grandes associations financières. Nous avons voulu montrer seulement les difficultés qui pourraient naître d'un rachat prématuré des chemins de fer.

Ainsi, on le voit, en dehors d'une annuité dont la détermination soulèverait les plus graves difficultés, l'État devrait, non seulement rembourser immédiatement aux Compagnies la somme de 1 milliard, représentant, au minimum, la valeur de leur matériel, mais il serait encore forcé de renoncer au recouvrement des avances qu'il leur a faites pour la construction du second réseau, lesquelles s'élèvent aujourd'hui, comme nous l'avons vu, à la somme de 462 millions.

L'État resterait, dans ce cas, exclusivement chargé de l'exécution des lignes complémentaires d'intérêt général d'une part, et de l'autre, des subventions à donner pour la construction des lignes d'intérêt local.

Il aurait ainsi à pourvoir à tout, et se trouverait seul,

sans aucun concours étranger, obligé de recueillir dans le pays
la totalité des fonds nécessaires à l'œuvre dont il aurait assumé
l'entière responsabilité.

Le crédit de l'État n'est certes pas au-dessous d'une pareille
tâche; mais en présence des autres nécessités qui lui
incombent, telles que le règlement définitif du compte de
liquidation, le dégrèvement des impôts et les sacrifices récla-
més par le développement de l'instruction publique, on éprouve
un sentiment d'effroi en songeant à la responsabilité qui
pèserait sur un ministre des finances transformé en banquier
universel du pays, faisant ainsi office de la Providence et se
privant des appuis sur lesquels tout gouvernement sage est
habitué à compter.

Nous ne faisons qu'indiquer cet aspect de la question, sur
lequel nous reviendrons au sujet des moyens d'exécution,
admettant que le rachat des chemins de fer soit décidé et
que l'État affirme sa résolution de faire tous les sacrifices
propres à réaliser cette grande opération. Quelle sera sa situation? Quels seront les difficultés, les obstacles contre lesquels
il aura à lutter?

Un premier écueil serait l'abus du fonctionnarisme résultant
de l'immense quantité de places qu'on aurait à distribuer.

Le nombre des employés de tous grades au service des chemins de fer se chiffrant par centaines de mille, la distribution
des emplois qui seraient ainsi à la disposition du gouvernement mettrait en ses mains un pouvoir exorbitant dont il
serait trop facile d'abuser; il se trouverait à la merci de toutes
les sollicitations, et la politique ne tarderait pas à envahir ce
domaine, au grand détriment du service; car il est plus difficile
de remplacer un chef de gare qu'un sous-préfet; on ne verrait

que trop souvent, comme l'a dit Beaumarchais, un danseur à la place d'un calculateur.

Mais le plus gros de tous les dangers serait celui des abaissements exagérés de tarifs auxquels on serait entraîné, et qui, portés à l'extrême, pourraient compromettre gravement l'économie de nos finances.

Rien de semblable n'est à craindre avec les Compagnies, qui ont à rémunérer les capitaux qui leur sont confiés; préoccupées du résultat à obtenir, elles apportent nécessairement la plus grande économie dans les dépenses de construction comme dans celles de l'exploitation.

Quel que soit le talent de nos ingénieurs, talent que nous sommes les premiers à reconnaître, nous devons dire qu'ils sont loin d'être dominés par l'esprit de réserve et de prévoyante économie qui anime les Compagnies. Les questions d'argent leur sont généralement indifférentes. Ils ont besoin d'être guidés, contenus par une administration prévoyante, agissant sous l'impulsion de l'intérêt privé.

La tendance des ingénieurs à se complaire dans la construction de beaux travaux, sans se préoccuper de l'importance des frais d'établissement, est même une des causes principales des difficultés contre lesquelles les Compagnies ont eu dès le principe et ont encore à lutter journellement. Il ne faut pas oublier que les devis de toutes nos grandes lignes ont été dépassés dans des proportions considérables.

Les mêmes reproches pourraient surtout, à bon droit, leur être adressés en ce qui concerne la direction commerciale, que les grandes Compagnies entendent à merveille.

Si donc l'exploitation des chemins de fer rentrait brusquement sous l'administration de l'État, il faudrait s'attendre à

dos augmentations de dépenses et à des réductions considérables dans le produit net de nos chemins de fer.

Ces réductions prendraient principalement leur source dans
les abaissements de tarifs auxquels on serait, nous le répétons, inévitablement conduit.

De tout ce qui précède, il faut conclure qu'il serait
inopportun, dans la situation présente, nuisible au crédit
de l'État et à la bonne administration des finances du pays,
de soulever, prématurément, la question du rachat des
chemins de fer. Ce n'est point au moment où l'État se
propose d'entreprendre la construction de 16,000 kilomètres de lignes nouvelles, qu'il pourrait affronter toutes les
difficultés, tous les hasards d'un pareil projet. Il a besoin de
tout son crédit comme de celui des Compagnies pour exécuter une œuvre aussi colossale. Où trouverait-il encore
les ressources nécessaires pour l'achèvement des chemins
vicinaux, et pour les dotations de l'instruction publique, sans
parler du milliard à rembourser aux Compagnies pour le
prix de leur matériel ? Pourrait-il renoncer, dans les
circonstances actuelles, aux 462 millions qui lui restent
dus pour le prix de ses avances relatives à la construction
du réseau secondaire? Sait-on même si le prix du rachat
ne dépasserait pas de beaucoup les prévisions? A-t-on cal-
culé aussi ce que coûterait à l'État l'exploitation de nos voies
ferrées, par ses ingénieurs? S'est-on rendu compte, enfin, de
l'augmentation des frais généraux et de la diminution de
recettes qui en seraient la conséquence?

Toutes ces objections se pressent en foule sous notre plume;
aussi ne craignons-nous pas de dire que, si la grande opération du rachat de nos voies ferrées devait être entreprise avant

l'époque fixée par les contrats, il importerait qu'elle n'eût lieu qu'après l'achèvement complet et la mise en exploitation des 30,000 kilomètres d'intérêt général.

Nous l'avons déjà dit, nul plus que nous n'apprécie l'importance des abaissements de tarifs qui résulteraient nécessairement de ce rachat, et leur influence décisive sur le développement de la production et de la consommation; mais il est permis de se demander si la France serait assez riche pour accepter les sacrifices que lui imposerait un changement de système aussi radical.

Tout le monde le sent, le moment d'une pareille évolution n'est pas encore venu, et la prudence commande de n'y procéder que graduellement; aussi tout en acceptant, du moins provisoirement, les idées que lui a léguées l'ancienne Chambre, M. de Freycinet s'est-il réfugié dans un système mixte et indécis. Il n'est pas téméraire de penser qu'il sera conduit par la force même des choses à revenir à une entente avec les Compagnies.

L'examen des projets de ce ministre sera l'objet du prochain chapitre.

LES PROJETS DE MM. LES MINISTRES

DES TRAVAUX PUBLICS ET DES FINANCES

I

6 février 1878.

Nous venons d'examiner le système du rachat du réseau de nos chemins de fer, par l'État ; on a pu apprécier les difficultés que présenterait la réalisation d'une telle opération, on a pu se convaincre qu'on ne pourrait y songer avant l'achèvement complet du réseau d'intérêt général.

Une solution partielle a prévalu, en ce qui concerne le rachat des lignes en souffrance, et, dans ses propositions à ce sujet, M. le Ministre des travaux publics n'a fait que se conformer, comme ses prédécesseurs, à la décision prise par l'ancienne Chambre sur la proposition de l'honorable M. Allain-Targé.

Il en est de même des projets de construction, aux frais et risques de l'État, des lignes d'intérêt général formant le complément de notre réseau.

Nous n'en sommes que plus à l'aise pour dire notre opinion tout entière sur le système que M. de Freycinet a dû adopter, afin, comme il l'a dit lui-même, de ne pas retarder l'exécution de travaux d'une nécessité urgente.

Commençons par donner une approbation complète à la formation des commissions régionales ayant pour mission de déterminer les lignes d'intérêt général qui restent à construire. De cette détermination devra résulter une ligne de démarcation, nette et précise, entre les chemins d'intérêt général et les chemins d'intérêt local, au sujet desquels la loi de 1865 avait établi une confusion funeste.

Il y aurait encore lieu de louer M. de Freycinet de l'activité qu'il entend imprimer à la construction des lignes nouvelles, et aussi de l'invitation qu'il a récemment adressée aux Compagnies pour les engager à suivre l'exemple du gouvernement.

Nous ne pouvons toutefois que regretter l'esprit d'antagonisme apporté, vis-à-vis des grandes Compagnies, dans l'examen des solutions à prendre à l'égard de certaines lignes secondaires qui ne peuvent vivre de leur vie propre.

Il faut reconnaître qu'on a été trop loin, et si l'on ne s'arrêtait sur cette pente, des conséquences fatales pourraient en résulter pour l'État, pour les Compagnies et pour les intérêts généraux du pays.

C'est surtout l'État qui aurait à souffrir de l'exécution, à sa charge et par ses soins, de lignes improductives pour la plupart. Ces lignes, étant exploitées en concurrence avec celles des grandes Compagnies, à qui l'État accorde des garanties d'intérêts, aggraveraient encore sensiblement les charges du Trésor.

Afin de se bien rendre compte de l'état réel des choses, il convient de revenir sur le rapport rédigé au nom de la commission chargée d'examiner la convention relative à la cession des lignes des Charentes, de la Vendée et autres à la Compagnie d'Orléans. Ce rapport de M. R. Waddington, que nous venons de relire, a tous les caractères d'un véritable réquisitoire, d'un acte d'accusation contre les grandes Compagnies.

. La convention intervenue entre le ministre des travaux publics et les Compagnies n'est pas parfaite, nous ne l'avons jamais prétendu ; nous avons même indiqué, à plusieurs reprises, qu'elle était susceptible d'amendements, d'améliorations ; mais la commission avait d'autres idées manifestement arrêtées, qui l'ont induite à rejeter purement et simplement le projet soumis à son examen. Un véritable esprit d'hostilité animait la majorité de cette commission. Son but, clairement indiqué, était de faire échouer le projet pour amener l'État à racheter les lignes en souffrance, avec la pensée d'en confier l'exploitation à des Compagnies fermières.

Des convoitises ardentes s'agitaient derrière cette commission, et de nombreuses individualités, sans crédit et sans capitaux, aspiraient à se faire commanditer par l'État, à se substituer aux Compagnies financières, à se créer ainsi des positions avantageuses, au détriment des contribuables.

Après les positions de préfets et sous-préfets venaient celles des nouveaux fermiers, qui eussent rappelé les *riz-pain-sel* du Directoire.

M. Christophle, ancien ministre des travaux publics, a apprécié ces Compagnies fermières à leur juste valeur et en a fait justice dans un discours rempli d'exemples probants et de faits incontestables recueillis en Hollande, dans un voyage fait par lui pour y examiner ce mode d'exploitation.

Les renseignements qu'il a portés à la tribune étaient véritablement décourageants.

Les lignes affermées dans ce pays produisent à peine 1 pour 100; le service y est lent et détestable, et les bénéfices des fermiers sont prélevés au détriment du bon entretien du matériel et de la voie.

M. de Freycinet, qui connaît parfaitement l'exploitation des chemins de fer, doit certainement partager le sentiment de son prédécesseur sur ce mode vicieux d'exploitation, et c'est pourquoi sans doute il a réservé, à ce sujet, l'opinion du gouvernement.

Parmi les critiques adressées par M. R. Waddington à la Compagnie d'Orléans, il pouvait s'en trouver de fondées, mais elles portaient souvent à faux, et les faits reprochés résultaient en partie de la nature même des choses, de l'opposition d'intérêts existant entre la Compagnie d'Orléans et les Compagnies concurrentes.

Comment, par exemple, pouvait-on faire un crime à la Compagnie d'Orléans de chercher à retenir sur ses voies le transport des marchandises qui lui étaient confiées, au lieu de les livrer à des lignes rivales et de faire, dans ce but, les réductions de tarifs nécessaires?

La cause de ces critiques aurait immédiatement cessé par suite de l'incorporation des lignes nouvelles dans le réseau de la Compagnie d'Orléans.

Comment encore pouvait-on faire un reproche à cette Compagnie d'avoir adopté le même tarif pour les marchandises à destination de Nantes et de Saint-Nazaire, par le motif que cette disposition était nuisible à la batellerie?

Mais le port de Saint-Nazaire, dont l'importance est considérable, n'aurait-il pas été bien autrement fondé à protester contre l'état d'infériorité dans lequel on l'aurait placé par rapport au port de Nantes au moyen d'une surélévation des tarifs? Et notre commerce d'exportation n'aurait-il pas eu grandement à souffrir de cette surélévation réclamée par la commission?

. Les chemins de fer sont précisément destinés à atténuer, autant que possible, le désavantage résultant de l'inégalité des distances.

Et lorsque ces voies seront rentrées dans le domaine public, il en sera certainement de leurs tarifs comme de ceux de la poste et du télégraphe. Les privilèges de la distance disparaîtront devant l'intérêt des marchés de consommation, et l'on pourra exécuter en grand ce que l'on fait aujourd'hui en petit pour l'envoi à Paris de certaines denrées alimentaires qui, comme le lait, par exemple, sont transportées aux mêmes conditions de points divers plus ou moins éloignés.

Jusque-là, et en raison des sacrifices que doit imposer à l'État l'exécution de ce grand travail, il n'est guère possible d'entrer dans la voie des abaissements de tarifs, qu'en les limitant et en les appliquant particulièrement aux matières premières, qui sont la base et l'élément principal de la production nationale.

Ce qu'il y avait de fondé dans les observations formulées par la majorité de la commission dont M. R. Waddington était le rapporteur, c'était l'élévation du prix d'acquisition des lignes à incorporer dans le réseau d'Orléans et l'importance des charges qui en seraient résultées pour l'État.

La commission pouvait encore réclamer à juste titre une réduction dans le taux d'intérêt et d'amortissement de 5 fr. 75, stipulé pour les emprunts des Compagnies en vertu de la convention de 1859, du moment où ce taux n'était plus l'expression de la réalité depuis l'amélioration survenue dans les cours des obligations de chemins de fer (1).

La Compagnie d'Orléans n'aurait pas hésité à suivre à cet égard, nous n'en doutons pas, l'exemple des Compagnies du Midi, de l'Est et de l'Ouest, qui, dans les dernières conventions de 1877, ont consenti à ne prélever que l'intérêt réel résultant de leurs négociations.

Le projet de la commission, écarté par la Chambre, a été remplacé par l'amendement Allain-Targé, dont l'adoption est l'origine du projet de rachat qu'il s'agit de faire opérer par l'État.

Il ne pouvait en être autrement, car les conditions qu'il posait à la cession de ces petites lignes à la Compagnie d'Orléans étaient inadmissibles.

Il n'était pas possible, en effet, que celle-ci abandonnât à l'État la détermination absolue de ses tarifs, car ce sont ces tarifs qui constituent réellement la propriété des chemins de fer; c'eût été, à son égard, une véritable expropriation sans indemnité préalable.

Ce qu'on pouvait lui demander, c'était d'adopter le principe de la plus courte distance, des abaissements de tarifs sur certaines matières, ainsi que la limitation des frais d'exploitation sur les lignes annexées, afin que la Compagnie d'Orléans ne pût en tirer, aux dépens de l'État, un bénéfice illégitime.

Quant au droit d'imposer à la Compagnie la construction et l'exploitation de toute ligne nouvelle, il aurait pu être accep-

(1) En 1859, ces obligations se négociaient au-dessus de 5 fr. 75 ; le taux adopté à cette époque était donc parfaitement justifié.

table si le principe n'avait pas été présenté d'une manière aussi absolue.

Rien n'empêchait l'accord sur ce point, et le moyen de conciliation était d'autant plus facile à trouver que les insuffisances de produits eussent été à la charge de l'État.

Le monopole des chemins de fer ne saurait se justifier qu'à la condition d'une légitime satisfaction donnée à l'intérêt public, et, de son côté, l'État aurait pu offrir aux Compagnies des garanties contre les abus du droit de concession si imprudemment accordé aux conseils généraux par la loi de 1865.

Ce sont les conséquences désastreuses de cette loi qui ont justement effrayé les Compagnies sur le danger des obligations qu'on voulait leur imposer.

A défaut d'une entente avec la Compagnie d'Orléans, la seconde partie de l'amendement de M. Allain-Targé devait sortir son plein et entier effet.

Il n'y avait plus qu'à procéder au rachat des lignes en souffrance, aux termes de la loi du 23 mars 1874, c'est-à-dire moyennant le remboursement de la dépense réellement faite sur ces lignes, sous la déduction des subventions fournies par l'État.

L'application absolue de ce principe, dont nous n'entendons pas justifier la rigoureuse justice, eût été l'équivalent de la ruine presque totale des actionnaires de ces entreprises; et particulièrement celle des obligataires; car, dans les sentences arbitrales intervenues, on ne pouvait indemniser ces Compagnies ni des charges d'intérêts excessives qu'elles avaient dû subir dans l'émission de leurs obligations, ni des pertes provenant d'une exploitation dont les recettes ne couvraient pas les dépenses.

La plupart de ces Compagnies étant tombées en faillite, les créanciers auraient accepté avec reconnaissance des combinaisons qui leur eussent permis de sauver quelques épaves du naufrage.

Le projet de rachat des lignes en question est le résultat des arrangements que rendait inévitables la force même des choses.

LES PROJETS DE MM. LES MINISTRES

DES TRAVAUX PUBLICS ET DES FINANCES

II

7 février 1878.

Le projet de rachat des lignes en souffrance n'était que la préface, le prélude de ceux que les financiers de notre jeune République tenaient en réserve, et auxquels, bon gré, mal gré, les ministres des travaux publics et des finances devaient s'associer.

Tels sont les projets qui ont été l'objet des rapports adressés par M. de Freycinet au président de la République, pour l'exécution par l'État d'un vaste système de canaux et pour l'achèvement de nos voies ferrées.

Tels sont encore ceux qui, nous assure-t-on, sont sur le point d'être présentés aux Chambres par M. Léon Say.

Eh bien! nous regrettons d'avoir à le dire, ces projets nous paraissent dangereux pour nos travaux publics, pour notre crédit et pour nos finances; s'ils venaient à être acceptés dans leur intégralité, si l'esprit dans lequel ils sont conçus n'était pas modifié, ils pourraient avoir pour conséquences de désorganiser et peut-être de ruiner les Compagnies qui ont, avec succès jusqu'à ce jour, accompli la construction et dirigé l'exploitation des lignes ferrées dont nous jouissons; des milliards seraient prodigués en pure perte dans le but d'amener à composition ces mêmes Compagnies qu'on craint d'exproprier; on courrait le risque d'altérer la confiance publique dans nos fonds d'État et de compromettre la situation de nos rentiers, par des émissions d'emprunts remboursables sans nécessité, par privilège spécial.

Le vice de pareilles combinaisons financières empruntées à l'industrie des chemins de fer est de ne tenir aucun compte de la différence qu'il y a entre l'État, dont la vie est indéfinie, perpétuelle, et des Compagnies concessionnaires à temps limité, tenues, par conséquent, de rembourser dans la période de leur existence les capitaux recueillis par elles; leur danger est d'engager l'État dans une voie dont on n'a pas mesuré suffisamment l'étendue.

Par les projets qu'on se propose de convertir en lois, l'État, en possession de la totalité de nos canaux, devenant en outre propriétaire de la plus grande partie des 16,000 kilomètres de chemins de fer à construire, sur les 38,000 formant l'ensemble du réseau, l'État, disons-nous, à l'exemple d'un spéculateur célèbre, attacherait ces chemins ainsi que les canaux aux flancs des grandes Compagnies; il serait alors maître absolu des tarifs, libre de disposer à son gré de la fortune de millions de citoyens engagée dans ces entreprises.

Un pareil mode de rachat n'avait pas été prévu.

La résurrection du système des canaux est encore une erreur fondamentale, un véritable anachronisme; l'autorité de M. Krantz, pas plus que celle du jeune et intelligent rapporteur du budget des travaux publics de 1877, ne saurait

donner à cette question une consistance qu'elle ne peut
avoir.

On s'est beaucoup servi en effet d'un calcul présenté par
M. Sadi Carnot pour démontrer l'économie qu'aurait produite
le transport des marchandises par la voie des canaux,
comparé au transport par les chemins de fer.

Cette économie aurait été, suivant lui, dans une seule
année, de 56 millions de francs; mais il est bon de constater
que dans ce calcul il ne tient aucun compte des pertes d'intérêt ou autres que s'impose volontairement l'État; car, non
seulement le capital consacré à l'établissement des canaux
rentrés dans le domaine public est absolument improductif,
mais leur entretien donne annuellement une perte de 5 millions
qui se trouve inscrite dans nos budgets.

L'économie, que M. Sadi Carnot attribue aux transports par
la voie des canaux, résulterait d'une différence entre le prix
de 2 à 3 centimes par kilomètre, représentant la rétribution de
l'industrie des bateliers, et celui de 6 centimes, qui formerait le
tarif moyen des transports de marchandises par chemins de fer.

Pour montrer l'erreur de cette appréciation, il suffira de dire
que les marchandises de la nature de celles qui sont transportées par les canaux, comme charbons, plâtres ou autres
matériaux, ne coûtent pas plus généralement de 2 à 3 centimes sur les chemins de fer, c'est-à-dire le même prix que
sur les canaux, et qu'elles ont en outre l'avantage d'être
transportées avec une grande rapidité.

Nous ajouterons encore, qu'à ces conditions de transport,
qui sont identiques sur les deux voies, les chemins de fer
donnent à leurs propriétaires la rémunération des capitaux
employés à leur construction, tandis que les canaux ne pro-

duisent pas même de quoi subvenir aux dépenses d'entretien.

L'avantage qu'aurait le commerce à se servir des canaux n'existe donc pas, puisque ceux-ci ne transportent pas à meilleur marché que les chemins de fer les marchandises encombrantes, et qu'ils constituent une lourde charge pour l'État ; ceux qu'on construirait à nouveau seraient sans la moindre utilité, et priveraient les chemins de fer d'un trafic auquel ils peuvent largement suffire.

Le milliard qu'on se propose de consacrer à la construction de nouveaux canaux serait complètement perdu, l'État ne devant en retirer aucun intérêt ; en outre, en diminuant les recettes de nos chemins de fer, on contribuerait à aggraver les insuffisances de produits auxquelles l'État est tenu de pourvoir.

Quant au réseau complémentaire des voies ferrées qu'il s'agirait de faire construire par l'État, il résulte de tous les documents statistiques, comme de tous les rapports législatifs, que les recettes ne couvriront pas les dépenses d'exploitation.

Il faudrait donc ajouter à la perte d'intérêts des 3 milliards nécessaires à la construction de ces lignes, une perte inévitable sur l'exploitation, indépendamment de celle qu'amènerait la concurrence qui serait faite aux chemins existants, si les nouvelles lignes étaient construites en dehors de l'action des Compagnies ou en opposition avec elles.

Les projets de MM. les Ministres des travaux publics et des finances soulèvent des questions de toute nature, parmi lesquelles celles relatives à la possibilité de l'exécution des travaux projetés nous préoccupent le moins ; la France est, en effet, assez riche pour réaliser tous ces travaux, à la condition, toutefois, de ne le faire qu'avec prudence et mesure, et de ne se point livrer à de regrettables innovations dans notre système de crédit. D'autres questions touchent à l'équité, à l'intérêt public et aux droits acquis ; celles-là ne pourraient être tranchées légèrement sans danger pour l'ordre de choses même qu'on travaille à consolider.

LE RACHAT DES LIGNES SECONDAIRES

ET LE

NOUVEAU FONDS AMORTISSABLE

.

Mardi 19 mars 1878.

La Chambre a voté, pendant la semaine qui vient de s'écouler non seulement le rachat de certaines lignes en détresse, mais encore le projet des voies et moyens de ce rachat présenté par M. le ministre des finances.

D'après les assurances données par M. le ministre des travaux publics, on pouvait croire que la mesure proposée n'était qu'un acte isolé n'engageant pas l'avenir et que le gouvernement n'avait pas renoncé à traiter avec la Compagnie d'Orléans de la rétrocession des lignes rachetées. A un rachat provisoire et destiné uniquement à pourvoir à un besoin pressant, devaient nécessairement correspondre des mesures financières également provisoires.

Cette croyance n'a pas tardé à être déçue; la création du nouveau fonds amortissable a été votée presque sans discussion, selon la consigne donnée par le *Journal des Débats* et la *République Française*.

On a ainsi voté, au pas de course, un emprunt de 500 millions dit amortissable en soixante-quinze années, et devant coûter annuellement 25 millions pour intérêts et amortissement, sans s'inquiéter des moyens d'acquitter ces intérêts et cet amortissement, dont les fonds ne figurent pas au budget des dépenses.

On en sera quitte pour comprendre cette nouvelle dépense dans le capharnaüm du compte de liquidation, et de l'acquitter par des émissions de bons du Trésor venant grossir encore une dette flottante déjà trop considérable.

C'est ainsi que l'on pourvoit à l'amortissement d'une dette à long terme par la création d'une nouvelle dette à courte échéance; c'est ainsi qu'on entend l'économie des charges qui pèsent sur les contribuables, en s'engageant, pendant soixante-quinze ans, à payer un intérêt de 4 pour 100, alors qu'on aurait pu se procurer les mêmes fonds à 1 pour 100, à la Banque de France, jusqu'à ce que la question des chemins de fer eût été définitivement résolue, voire même *gratuitement*, si la crainte de compromettre certaines popularités n'avait pas empêché d'aborder la mesure si nécesaire de la conversion.

En réalité, les combinaisons prévues par la loi qui vient d'être votée pourraient être bel et bien définitives.

L'instrument du rachat général des chemins de fer est créé, comme le dit la *République française*, et, avec les nouveaux chemins comme avec les canaux, il serait facile au gouvernement, transformé en banquier, en constructeur et en entrepreneur de transports, de se rendre maître successivement des voies dont il ambitionne la possession et sur lesquelles il compte établir le fondement de sa toute-puissance.

Chose étrange, le projet d'exécution par l'État, qui, en 1838, était soumis aux Chambres au nom du gouvernement par le ministre des travaux publics, M. Martin (du Nord), fut repoussé par les libéraux du temps, et en particulier par M. François Arago, rapporteur du projet. « Suivant nous, disait-il, il faut
» abandonner l'exécution des chemins de fer, grands ou petits,
» à l'esprit d'association, partout où il produit des Compagnies
» sérieuses fortement et moralement constituées. L'action
» gouvernementale immédiate doit s'exercer dans les seules
» directions où, l'intérêt national des travaux étant bien con-
» staté, il n'y a pas cependant de soumissionnaires, soit à cause
» de l'incertitude des produits, soit même, car nous allons
» jusque-là, à raison de leur insuffisance reconnue; mais il
, nous semble nécessaire de mettre des bornes à l'esprit de
» monopole qui domine trop évidemment l'administration
» française. »

L'esprit d'association, ajoutait M. Arago, cet esprit qui avait réalisé déjà tant de merveilles en Angleterre, aurait dû être mieux stimulé et encouragé chez nous; la France en avait tout autant besoin que de chemins de fer, et l'association une fois entrée dans nos mœurs, les chemins de fer et d'autres grands travaux pourraient être exécutés sans que le Trésor de l'État fût sensiblement grevé.

La commission, par l'organe de son rapporteur, opposait ainsi système à système. Intraitable, inflexible, elle repoussa même une transaction que le ministère proposait à la Chambre.

En vain, M. Legrand, qui fut le créateur de la direction des travaux publics en France, telle qu'elle est constituée aujourd'hui, le chef vénéré des hommes qui ont donné à ce service une si grande importance, en vain M. Legrand opposait les

3

plus puissantes raisons aux arguments de l'opposition et prononçait les paroles suivantes, qui ne seraient certes pas désa-
vouées par l'école républicaine moderne :

« On nous reproche, dit-il, de repousser l'industrie parti-
» culière. Mais nous nous réservons les entreprises que, véri-
» tablement, l'industrie particulière ne peut aborder sans péril.
» Nous voulons ouvrir aux frais du Trésor de grandes lignes,
» sur lesquelles les Compagnies viendront attacher une foule
» de lignes d'embranchement. Et nous voulons que les capi-
» taux de l'industrie ne s'engagent que dans des opérations
» qui ne puissent amener leur ruine. Je demande de quel côté
» sont les véritables amis de l'industrie. »

Quel que fût le talent déployé en cette circonstance par les
organes du ministère, le gouvernement vit repousser ses projets à l'immense majorité de 196 voix contre 69, et il dut se
résigner à rechercher le concours des Compagnies.

C'est l'histoire de ces discussions et des diverses phases de
l'établissement des chemins de fer en France, que nous allons
retracer. Elle servira puissamment, nous n'en doutons pas, à
l'intelligence des solutions les plus favorables aux intérêts
publics et les plus acceptables dans l'état actuel de la question.

CRÉATION DES CHEMINS DE FER

EN FRANCE

La génération actuelle ne se doute pas des hésitations avec lesquelles a été abordé, en France, l'établissement des voies ferrées. On croirait à peine, aujourd'hui, aux difficultés qu'eurent à surmonter les fondateurs et les propagateurs de cette grande industrie.

Depuis longtemps, en divers pays, particulièrement en Amérique, en Angleterre et en Belgique, on avait pris l'habitude, pour le transport des produits encombrants, de creuser des ornières en fonte ou en fer dans lesquelles les roues des véhicules de diverses natures venaient s'enchâsser et glisser avec une diminution sensible de résistance dans l'effort de traction. Ce moyen était surtout en usage au fond des mines.

Parallèlement encore on posait sur le sol des rails qui d'abord furent en bois, puis en fonte et en fer.

Ces lignes grossières ont été l'embryon des voies merveilleuses qui sillonnent aujourd'hui l'ancien et le nouveau monde.

La traction sur ces voies s'opérait au moyen de chevaux.

L'emploi des machines paraissait chimérique et dangereux. En Angleterre, dans les classes même les plus éclairées, les propriétaires fonciers, ceux qui devaient tirer le plus large profit des chemins de fer, s'effrayaient à l'idée seule de locomotives portant le feu à travers les forêts et les moissons, épouvantant les troupeaux et devant causer partout les plus funestes accidents.

En 1823, le chemin de Stockton à Darlington, le plus ancien de l'Angleterre, était exploité par des chevaux. En 1829, le bill du chemin de fer de Newcastle à Carlisle ne fut adopté qu'à la condition qu'on y emploierait des chevaux à l'exclusion de locomotives.

Il en fut de même en France, quelques années plus tard, du chemin d'Andrezieux à Roanne.

La science a vaincu ces préjugés. Dans cette même année 1829, les directeurs du chemin de fer de Liverpool et Manchester, cédant, après de longues irrésolutions, aux instances et aux arguments du constructeur, George Stephenson, ancien ouvrier et père du célèbre ingénieur Robert Stephenson, proposèrent un prix de 12,500 fr. pour la meilleure locomotive à l'usage des chemins de fer. Dans ce concours, qui eut un grand retentissement, le prix fut décerné à George Stephenson. On vit alors fonctionner la première chaudière tubulaire avec tirage au moyen du jet de vapeur, mais l'idée de la chaudière tubulaire n'appartenait pas à Stephenson; le plan en avait été déjà conçu en 1828 par un ingénieur français, M. Séguin l'aîné.

De ce jour date l'histoire des chemins de fer; ils n'existent, en effet, que par la locomotive; c'est cette machine géante qui en a fait *les grandes routes du monde.*

Les préjugés qui s'opposaient à l'application des machines étaient aussi vivaces en France qu'en Angleterre. En 1834, à l'École même des Ponts et Chaussées, dans un Cours de chemins de fer, on préconisait l'emploi des chevaux comme moteur, et on n'y traitait nullement des locomotives.

Sur le chemin de Saint-Étienne, construit par les frères Séguin et qui ne précéda que d'un temps fort court le chemin de Saint-Germain, la traction s'y faisait sur une grande partie du parcours par des chevaux, par des bœufs et même par des ânes ; la locomotive n'y avait fait son apparition, à cette époque, qu'à titre exceptionnel et par voie d'expérience.

Le petit chemin de Saint-Germain fut le premier construit en France dans des conditions normales.

On ne sait pas les efforts qu'il a fallu déployer pour réunir les 6 millions qui formaient le capital primitif de cette entreprise, dont l'approbation par les Chambres eut lieu en 1835.

Ce projet, qu'on voulait frapper en quelque sorte de ridicule à son origine et que l'on considérait comme n'ayant aucune chance de réussite, n'a dû sa réalisation qu'à l'indomptable énergie de son principal fondateur, M. Émile Pereire, au dévouement d'un petit nombre d'amis particuliers et à la bienveillance de M. Legrand, alors directeur des travaux publics.

Les banquiers ne sont venus y prendre part qu'après le vote des Chambres. L'opinion publique commençait à peine à en entrevoir l'importance, et, M. Thiers lui-même, ministre des travaux publics à cette époque, ne voyait dans sa réalisation qu'une sorte de montagne russe destinée à l'amusement du public parisien.

Elle a été cependant le point de départ de cette grande

industrie des chemins de fer, l'origine de ses progrès, le champ d'expérimentation de tous les principaux perfectionnements introduits dans son exploitation, et c'est de son sein que sont sortis les hommes auxquels on doit la construction, l'administration et la direction technique de la plus grande partie des voies établies plus tard en France comme dans les divers États de l'Europe.

On retrouve partout la trace des travaux des premiers et vaillants pionniers sortis de l'école de Saint-Germain.

Il suffit, pour comprendre l'importance et le rayonnement de cette école dont MM. Pereire furent les chefs, de citer les noms de ses principaux membres : MM. Lamé et Clapeyron, Fournel, Stéphane Mony et Eugène Flachat, Petiet, Le Chatelier, Armand, auxquels sont venus se rattacher plus tard MM. Maniel, Collignon, Surell (1) et tant d'autres illustres parmi leurs pairs, au nombre desquels nous nous bornerons à citer : M. Sauvage, ancien ingénieur du matériel du chemin de Lyon, directeur du chemin de l'Est et ingénieur conseil de la grande Société des Chemins Russes, M. Callon, ingénieur

(1) MM. Lamé et Clapeyron, qui occupèrent des chaires importantes à l'École polytechnique et au Collège de France, devinrent membres de l'Institut, et figurèrent parmi les plus distingués.

M. Fournel, ancien directeur du Creuzot, puis ingénieur du matériel du chemin du Nord, après avoir rempli d'importantes missions pour l'État, notamment en Vendée et en Algérie, a été appelé au rang d'inspecteur général des Mines ; M. Stéphane Mony est encore aujourd'hui administrateur gérant des forges et mines de Fourchambault-Commentry ; M. Eugène Flachat a été successivement ingénieur principal des chemins de Saint-Germain, du Midi, de l'Ouest, et du Nord de l'Espagne ; M. Petiet est resté jusqu'à sa mort directeur du chemin du Nord de France ; M. Le Chatelier, à qui est due la plus grande part dans l'organisation du matériel et des ateliers du Nord de France, a exercé les fonctions de Conseil technique du Crédit mobilier, à l'époque de la grandeur de cette Société ; il a concouru à la fondation des chemins Autrichiens, à celle des chemins Russes, et à la construction des chemins de fer du Nord de l'Espagne, et il a été promu au grade d'inspecteur général des Mines ;

des Mines, conseil au Crédit Mobilier, et le savant chimiste Regnault, avec le concours duquel MM. Pereire ont fondé et organisé la Compagnie Parisienne du Gaz.

Les débuts furent longs et difficiles, et l'établissement des grandes lignes subit un temps d'arrêt considérable.

Les seules concessions qui furent votées peu de temps après le chemin de Saint-Germain, furent celles des deux chemins de Versailles (rive droite et rive gauche) dont l'adjudication eut lieu en 1836.

Ces deux chemins donnèrent le spectacle d'une concurrence qui devint fatale aux deux, mais particulièrement à celui de la rive gauche, qui avait été conçu dans un regrettable esprit de concurrence.

Fort heureusement, cette lutte regrettable s'étant manifestée au début de cette industrie, l'enseignement porta ses fruits. Ses conséquences se trouvèrent restreintes à des proportions trop étroites pour que la fortune publique en reçût une trop grave atteinte.

Les années suivantes se passèrent en discussions entre les

M. Armand, architecte, a construit, en dehors des gares de Saint-Germain, de Versailles rive droite et du Nord de France, les plus beaux immeubles de la nouvelle rue de Rivoli, du boulevard des Capucines, et notamment l'hôtel du Louvre et le Grand-Hôtel. M. Maniel, qui a occupé les fonctions d'ingénieur de la voie et des constructions au chemin du Nord, a rempli plus tard, avec une grande distinction, les fonctions de directeur général des chemins Autrichiens; M. Collignon, dont le nom si connu pourrait nous dispenser d'énumérer les titres, a été successivement, comme l'on sait, ingénieur-constructeur du canal du Rhône au Rhin, directeur général de la grande Société des chemins Russes, et, après sa rentrée en France, élevé au rang de Président du conseil des Ponts et Chaussées; nommé depuis conseiller d'État, il est aujourd'hui directeur de l'École des Ponts et Chaussées; M. Surell, à qui l'on doit une belle étude sur les torrents et, en général, sur le régime des eaux en France, a participé à la construction du chemin du Midi et en est devenu le directeur général; il est aujourd'hui administrateur des chemins du Midi et des chemins Autrichiens.

partisans du système de construction et d'exploitation par l'État et ceux du système de l'exploitation par l'industrie privée; ces discussions se résumèrent dans le débat mémorable qui eut lieu en 1838, et dont les traits principaux ont été rappelés récemment dans l'éloquent discours de M. Rouher.

Aujourd'hui les vastes projets relatifs à l'achèvement de notre réseau, comme la résurrection des vieux plans de canaux, pourraient bien n'être que des moyens de concurrence à l'aide desquels on espère réduire les Compagnies de chemins de fer. Le simple examen d'une carte de France permettra d'apercevoir les mailles étroites du filet jeté sur les grandes lignes par les chemins de fer construits sous l'empire de la loi de 1865; le gouvernement ne ferait-il que reprendre la campagne si habilement conçue par le célèbre Philippart et dont les conséquences ont été cependant si fatales pour lui? Il serait aisé, en effet, de créer, à l'aide de quelques raccordements peu coûteux, des concurrences funestes à toutes les principales lignes de chemins de fer; de telle sorte que le Laocoon antique, étouffé par un serpent, pourrait être considéré comme l'emblème de l'état actuel des Compagnies.

Ce qui pourrait le faire croire, c'est qu'on agit mystérieusement et sans bruit, sans déclaration de principes; mais la voie est tracée et pour peu que les circonstances se montrassent favorables, il serait à craindre qu'on allât jusqu'au bout.

Telle est la situation.

On ne saurait se faire d'illusions sur les projets réels du gouvernement; heureusement, l'opinion publique est assez forte pour obliger le ministère à les modifier.

Cependant on se tromperait étrangement, comme nous

l'avons souvent répété, si l'on nous considérait comme les défenseurs systématiques des grandes Compagnies.

Nous croyons que le concours de ces dernières a été nécessaire à la réalisation des travaux qui ont fondé la prospérité de la France; mais, quelle que soit la part que nous avons pu prendre à cette grande œuvre, nous n'avons jamais méconnu les droits légitimes de l'État à intervenir dans ces vastes entreprises d'utilité publique pour en régler l'usage dans l'intérêt de la nation. Disons même que les chemins de fer n'auraient pu s'exécuter sans la combinaison des forces, sans le concours de l'État et de l'industrie privée.

Mais les faits ayant pris une tournure avantageuse aux Compagnies, on s'est habitué à croire que les concessions de ces lignes avaient été faites, de propos délibéré, dans le seul but de favoriser la création d'une aristocratie financière, émule de l'ancienne féodalité, et c'est à l'existence de ce préjugé que l'on doit principalement attribuer les efforts qui sont faits aujourd'hui en vue de détruire une situation créée par la force même des choses.

Il importe donc de dissiper des préventions sans fondements, de rectifier des idées fausses, et plus que personne nous avons le droit de le faire comme témoin actif de la naissance et du développement de la grande industrie des chemins de fer. C'est l'histoire de ces grandes créations que nous allons retracer dans les chapitres suivants.

HISTOIRE DE DIX ANS

(PÉRIODE DE 1838 A 1848.)

I

Dans le débat de 1838, le système de l'établissement des chemins de fi · par l'État avait été repoussé à la fois par MM. Arago et Lamartine, qui, tous les deux, devaient, dix ans plus tard, prendre part à la révolution de 1848 et qui figurèrent ensemble dans le gouvernement du 24 février ; il fut également combattu par MM. Thiers et Guizot, dont la rivalité devait avoir des conséquences si funestes pour le gouvernement qu'ils ne servirent qu'en cherchant à le dominer.

Le vote émis en cette circonstance avait, il faut le reconnaître, un caractère principalement politique.

La coalition qui renversa, l'année suivante, le cabinet présidé par M. Molé, était déjà formée, et les grands intérêts sociaux comme ceux des chemins de fer devaient être perdus de vue, sacrifiés même au milieu des luttes ardentes des partis.

. C'est malheureusement le spectacle qui nous est donné en France depuis le moment où la Révolution de 89 a échappé à la direction de ses auteurs.

Les hommes des premiers temps de cette époque héroï-
que, jaloux de montrer leur désintéressement, de constater
l'absence de toute vue personnelle, disparurent trop tôt; ils
commirent la faute de s'effacer après avoir donné à la nation
une Constitution philosophique basée sur les droits de
l'homme, abstraction faite des privilèges de la naissance.

Ce désintéressement généreux mais impolitique a coûté bien
cher à la France.

Les partis ont succédé aux partis, et, malgré les assurances
sans cesse renouvelées, malgré les plus belles promesses,
l'enivrement du pouvoir a bientôt fait perdre de vue à leurs
divers représentants les intérêts généraux qu'ils étaient appelés
à défendre.

On n'a jamais cessé de parler des immortels principes de
89, qui devaient assurer l'amélioration du sort moral, intellectuel et physique de la classe la plus nombreuse et la plus
pauvre, mais, en fait, ce but a toujours été négligé par les
hommes réputés les plus libéraux.

En 1838, les chefs du parti républicain voyaient avec
impatience la force croissante d'un gouvernement monar-
chique qui avait triomphé des factions.

Contraints de ployer sous l'énergique volonté de Casimir
Périer, ils se révoltaient à la pensée de voir M. Molé achever
la consolidation du pouvoir royal.

Les chefs du parti de la classe bourgeoise, de leur côté,
jaloux de l'ascendant d'un rival qui menaçait de les exclure
de la direction des affaires, s'étaient ligués avec les hommes
d'opinions les plus opposées contre ce qu'ils appelaient le
gouvernement personnel. Cette coalition, formée des éléments
les plus hétérogènes, finit, grâce aux plus grands efforts, par

triompher d'une résistance qui jeta un grand éclat sur le ministre éminent qui se trouvait placé à la tête des affaires publiques depuis le 15 avril 1837.

Dans ces temps agités par des ambitions personnelles, l'esprit de parti l'emporta sur les plus hautes, les plus sérieuses considérations d'utilité publique.

Les projets du gouvernement étaient logiques, et sa prétention à la possession des grandes lignes était conforme aux véritables principes; les bénéfices qu'aurait procurés à l'État l'exploitation de ces grandes artères eussent permis de faciliter la construction des lignes secondaires par les Compagnies.

La politique ne l'a pas permis, et l'industrie privée fut appelée à faire ce que le gouvernement était impuissant à réaliser.

Mais l'industrie elle-même n'était pas préparée à l'exécution de ce grand travail.

L'inconnu que présentaient la construction et l'exploitation des chemins de fer effrayait les hommes placés à la tête des affaires; les enseignements de l'école saint-simonienne n'avaient pas encore porté leurs fruits; c'est elle qui avait eu la gloire d'initier la France à cette nouvelle et merveilleuse application de la vapeur; dès le commencement de 1832, elle traçait d'une main sûre les lignes à exécuter en Europe, et les faisait rayonner toutes vers le bassin méditerranéen, ce centre commun dont elle entrevoyait déjà l'importance politique et commerciale.

Mais l'impression produite par ses enseignements était restée à l'état théorique; cependant, l'enthousiasme excité par l'étonnante nouveauté des petits chemins de Saint-Germain et de Versailles (rive droite), mis successivement en exploitation dans les années 1837 et 1838, aurait dû triompher du scepticisme des grands capitalistes.

Ces deux chemins, fondés par MM. Pereire, construits et exploités sous leur direction, avaient pour président M. James de Rothschild, le chef de l'une des plus puissantes maisons financières du monde, et, pour administrateurs, outre quelques hommes politiques, des banquiers investis au plus haut degré de la confiance publique.

Le chemin de Saint-Germain devait être, dans la pensée de ses fondateurs, la tête des lignes de Rouen et du Havre, de Nantes et de Brest, et généralement de toute la région de l'Ouest. C'est ce qui a fini par se réaliser, mais après de longues années et au prix des plus grands efforts.

Quelque éminents que fussent les membres du conseil d'administration de cette entreprise, petite à son origine, mais grande par l'avenir qui lui était réservé dans la pensée de ses fondateurs, il fut impossible de vaincre leur inertie et de les faire sortir d'une trop prudente réserve pour les amener à compléter l'œuvre commencée.

Il n'est que juste cependant de faire une exception en faveur de MM. Adolphe d'Eichthal et Auguste Thurneyssen, esprits éclairés qui sont restés toujours associés aux travaux de MM. Pereire.

En 1838, plusieurs Compagnies se formèrent pour solliciter la concession des lignes :

1° De Paris à Rouen et au Havre, par les plateaux ;

2° De Paris à Orléans, avec divers embranchements ;

3° De Lille à Dunkerque ;

4° De Strasbourg à Bâle.

Ces chemins furent concédés pour une durée variant de soixante-dix à quatre-vingts ans; mais le découragement ne tarda pas à s'emparer des fondateurs, malgré leur incontestable puissance.

La Compagnie qui avait obtenu la concession du chemin de Paris à Rouen et au Havre par les plateaux, avait à sa tête M. le comte Roy, l'un des plus grands propriétaires de France; des banquiers et capitalistes comme MM. Aguado et Humann. M. le comte Jaubert en était le directeur et M. Bineau l'ingénieur en chef.

Néanmoins, dès 1839 elle renonça à son œuvre, et son contrat fut résilié le 1er août de cette année.

La Compagnie concessionnaire du chemin de Paris à Orléans et Corbeil, qui avait à sa tête les chefs des maisons les plus riches de la Banque genevoise établies à Paris, demanda également, la même année, à être relevée de ses engagements en ce qui concernait la construction de la ligne principale et à ne conserver que le petit embranchement de Corbeil.

La loi de concession du chemin de Lille à Dunkerque fut abrogée le 26 juillet 1839.

La Compagnie de Strasbourg à Bâle resta seule sur pied, mais elle sollicita et obtint plus tard la prolongation de sa concession à 99 ans, et un secours de 12 millions 600,000 francs indispensable à l'achèvement de ses travaux.

Quant à la Compagnie d'Orléans, on lui accorda un répit d'une année pour lui permettre de réfléchir au parti définitif qu'elle avait à prendre; au bout de ce délai, après des tiraillements intérieurs qui amenèrent la retraite d'une partie des membres du conseil d'administration, elle revint sur sa première résolution, sous la pression d'une concurrence qu'elle voyait poindre de la part de MM. Pereire et Rothschild ; mais elle ne le fit qu'après avoir obtenu une garantie d'intérêts de 4 pour 100 et une prolongation de sa concession à 99 ans.

Tandis que, en France, les chefs de la finance se montraient ainsi découragés, on commençait à entrevoir en Angleterre les grands résultats de l'établissement des chemins de fer.

En 1840, des capitalistes anglais sollicitèrent, par l'intermédiaire de la maison Charles Laffitte et Blount, la concession du chemin de fer de Paris à Rouen par les vallées, et cette concession leur fut accordée le 15 juillet de la même année par des considérations politiques, et sur les pressantes recommandations de M. Guizot, alors ambassadeur à Londres.

M. Thiers, qui était président du conseil des ministres, fit violence à ses convictions pour se rendre aux vœux du représentant de la France en Angleterre, et c'est à cette occasion que cet homme d'État à courte vue déclarait solennellement que les chemins de fer, pur objet d'amusement, ne devaient avoir aucune utilité pratique ; que jamais ils ne pourraient servir au transport des marchandises, et que, pour ne pas s'écarter des plus simples règles de la prudence, il ne fallait en construire chaque année qu'un petit nombre de kilomètres.

M. Thiers ne comprenait, en fait de travaux publics, que l'utilité de l'achèvement de quelques monuments, comme ceux de l'Arc de Triomphe, du palais du Corps législatif, du ministère des affaires étrangères et du conseil d'État.

Plût à Dieu qu'il s'en fût tenu là, au lieu de commettre,

comme il le fit quelques mois plus tard, la coûteuse folie de la construction des fortifications de Paris.

Mais M. Thiers avait son idéal à lui, idéal plus brillant en apparence que l'œuvre sérieuse des chemins de fer, mais, au fond, plein de déceptions et fécond en ruines.

M. Thiers, historien d'une époque remplie par l'épopée guerrière du règne de Napoléon Ier, rêvait de continuer le grand capitaine, et il débutait par une nouvelle campagne d'Égypte, qui devint, pour la France, l'occasion d'une des humiliations les plus profondes.

Sans la prudence modératrice du roi Louis-Philippe, qui imposa à son ministre le rappel à Toulon de notre flotte de la Méditerranée, les prétentions de M. Thiers auraient pu amener des désastres dont la suite déplorable qu'ont eue les actes présomptueux des ministres de 1870 peut seule donner l'idée.

M. Thiers, contre la volonté de l'Europe entière, avait voulu affranchir l'Égypte et la Syrie de la domination et de la suzeraineté de Constantinople, et, par cette tentative irréfléchie, il donna naissance au traité de la quadruple alliance formée contre la France, et jeta ainsi notre pays dans le plus complet isolement; cet isolement était d'une nature si grave et l'avenir semblait si gros de menaces, que, en pleine paix, M. Thiers crut devoir recourir à des mesures de précaution dont la construction des fortifications de Paris permet de mesurer la portée.

Une somme de cinq cents millions fut consacrée à cette œuvre, dont une terrible expérience a montré l'inutilité. Elle avait été condamnée d'avance par Napoléon lui-même. Voici comment il s'exprimait à ce sujet dans le *Mémorial de Sainte-Hélène* :

« Je n'ai pas eu la pensée de fortifier Paris et si on me l'avait proposé, je l'aurais refusé. »

Napoléon s'effrayait à l'idée d'un siège de Paris, et dis ait en 1806 :

« On ne fortifie pas une capitale d'un million d'hommes .. Il n'y reste, en cas de siège, que la partie souffrante et la partie remuante de la population. Un siège dans des conditions pareilles, c'est une *sédition* en permanence. »

En 1841, Lamartine s'élevant dans un magnifique discours contre ce projet, prononçait ces paroles prophétiques :

« Comment contiendrez-vous, disait-il, le moral d'une population placée dans des conditions de turbulence et d'émotion pareilles? Quel sera le gouvernement qui pourrait y résister?... Comment, dans une ville entourée d'ennemis, sans communication avec les départements, contiendrez-vous une masse de deux ou trois cent mille prolétaires sans travail? Voilà vos rues sans circulation, voilà le gouvernement sans cesse en butte à des assauts toujours renaissants... Les factions les plus violentes tendraient à s'emparer du pays et à le déchirer comme une proie dans leurs luttes. Une population semblable présenterait la plus affreuse réunion de détresses et de fléaux humains qu'il eût été donné à l'esprit d'imaginer. »

M. Thiers a eu le malheur de faire lui-même le siège de la ville qu'il avait fortifiée, et de combattre cette Commune dont trente ans d'avance M. de Lamartine lui montrait la formation inévitable et lui traçait le tableau.

Voilà où conduit cette politique sans principes, sans système et sans but, politique de hasards et d'aventures, dans le cercle étroit de laquelle viennent successivement se mouvoir de prétendus hommes d'État, et où se perd la notion des grands intérêts publics, dont le développement constitue seul la force des nations.

C'est ainsi que l'œuvre des chemins de fer se trouva paralysée pendant la durée des agitations stériles qui signalèrent le règne de Louis-Philippe.

Par les causes indiquées, l'industrie des chemins de fer n'avait eu, en 1842, que de très faibles développements. M. Legrand reprit, à cette époque, sous une autre forme, les projets de 1838, et présenta une loi qui, réservant à l'État la construction et la propriété des lignes principales, avait pour but d'unir ses forces à celles de l'industrie privée pour l'accomplissement de l'œuvre capitale, que les luttes des partis avaient fait perdre de vue.

L'économie de cette loi consistait dans la mise à la charge de l'État de l'infra-structure des chemins de fer, des gares, stations et ateliers, et ne laissait aux Compagnies que la pose des rails et la fourniture du matériel nécessaire à l'exploitation, dont on leur abandonnait le soin, sous la réserve de concessions à bail d'une durée limitée.

En adoptant la loi, la Chambre ne voulut pas exclure tout autre système de concession à l'industrie privée des lignes qui venaient d'être classées, sous la condition que ces concessions fussent l'objet de lois spéciales. Elle adopta un amendement qui lui fut présenté dans ce sens par M. Duvergier de Hauranne.

Les grandes lignes dont le gouvernement proposait le classement étaient dirigées sur les divers points qui touchaient aux intérêts généraux de l'industrie :

Sur la frontière de Belgique, par Valenciennes et Lille;

Sur l'Angleterre, en plusieurs points du littoral de la Manche;

Sur l'Allemagne, par Nancy et Strasbourg;

Sur la Méditerranée, par Lyon, Marseille et Cette;

Sur la frontière d'Espagne, par Poitiers, Angoulême, Bordeaux et Bayonne;

Sur l'Océan, par Tours et Nantes;

Sur le centre de la France, par Bourges.

A ces lignes, la Chambre en joignit deux autres : celle de la Méditerranée au Rhin, par Lyon, Dijon, Mulhouse; celle de l'Océan à la Méditerranée par Bordeaux, Toulouse et Marseille.

La Chambre vota les crédits nécessaires pour commencer l'exécution de ces lignes, et au nombre des ressources auxquelles on eut recours dans ce but figurait un emprunt important à la Caisse d'amortissement; ce genre d'emprunt, il faut le remarquer, ne pourrait avoir lieu dans le système de l'amortissement contractuel et obligatoire qu'on voudrait introduire dans l'économie de nos finances.

L'industrie privée resta cependant sourde à un pareil appel, insensible à un si puissant encouragement.

Cette indifférence était telle que, en 1843, M. Emile Pereire, traitant avec le gouvernement, au nom des principaux banquiers de Paris, de la concession du chemin de Paris à la frontière de Belgique, vit refuser par ces mêmes banquiers cette concession aux conditions de la loi de 1842.

Cette fois encore ce furent les Anglais qui vinrent ranimer l'ardeur engourdie de nos banquiers.

La publication d'un rapport de M. Robert Stephenson, chargé par la Compagnie du chemin de Londres à Douvres d'étudier la ligne de Paris à la frontière de Belgique, ouvrit enfin les yeux de nos capitalistes et provoqua de leur part un engouement aussi irréfléchi alors qu'avait été jusque-là leur découragement.

Un grand mouvement eut lieu de 1844 à 1847; les lignes suivantes furent concédées pendant cette période :

Aux termes de la loi de 1842 :

D'Orléans à Bordeaux, pour une durée de 27 ans;
De Tours à Nantes, pour une durée de 34 ans;
Du Centre, pour une durée de 39 ans;
De Paris à Strasbourg, pour une durée de 43 ans.

Et comme concessions ordinaires à charge de remboursement des sommes dépensées par l'État :

De Paris à la frontière de Belgique, pour une durée de 38 ans;
De Creil à Saint-Quentin, pour une durée de 24 ans;
D'Avignon à Marseille, pour une durée de 33 ans;
De Paris à Lyon, pour une durée de 41 ans;
De Lyon à Avignon, pour une durée de 44 ans;
De Bordeaux à Cette, pour une durée de 60 ans.

Nous négligeons quelques lignes d'intérêt secondaire, telles que : Amiens à Boulogne, Montpellier à Nîmes, Montereau à Troyes, etc., etc.

L'entraînement fut grand et irrésistible, et des Sociétés de chemins de fer s'organisèrent de toutes parts. Voici maintenant le revers de la médaille. Parmi les concessions qui furent obtenues, deux d'entre elles, celles de Lyon à Avignon et de Bordeaux à Cette, furent abandonnées par les Compagnies concessionnaires, avant même que les travaux eussent été commencés; les autres entreprises, à l'excep-

tion du chemin du Nord, se traînèrent péniblement au milieu des difficultés financières les plus grandes jusqu'en
1848, où éclatèrent leurs souffrances.

Nous avons à examiner cette troisième phase de l'histoire
des chemins de fer.

II

Nous avons à continuer l'histoire de l'enfantement si laborieux des chemins de fer.

Il faut reconnaître qu'il y avait de sérieux motifs à l'opposition que rencontrèrent les projets de construction de ces
lignes par l'État.

Le gouvernement n'était pas mûr pour une pareille œuvre.

Ses préoccupations étaient ailleurs, et il en était de M. Guizot comme de M. Thiers.

Ces deux hommes, qui ont rempli le règne de Louis-Philippe
et qui étaient doués d'une valeur personnelle incontestable, ont
usé tristement et stérilement d'une puissance qui leur aurait
permis de faire tant de grandes choses. Ils se sont complètement mépris sur le caractère et le but de la politique dans
les sociétés modernes. Ni l'un ni l'autre n'a eu la haute
intelligence du passé et le secret de l'avenir.

M. Thiers, révolutionnaire par tempérament, ne rêvait le ré-
tablissement de l'influence française en Europe que par les
procédés du premier Empire.

Incapable de résoudre les grands problèmes de la science

économique, à laquelle il ne croyait pas et qu'il qualifiait de littérature ennuyeuse, il ne songeait qu'à flatter les goûts et les passions populaires et, dans ce but, il évoquait des souvenirs dont il était loin de soupçonner la portée.

C'est ainsi qu'il ramenait en France les cendres de l'empereur et relevait sa statue, préparant ainsi, avec la plus naïve imprévoyance, le retour d'un régime que lui-même, à vingt ans de distance, devait combattre avec acharnement. C'est ainsi qu'il, fut l'auteur inconscient de la Commune, en élevant autour de Paris ces fortifications qui le mirent plus tard dans l'affreuse nécessité d'en faire le siège.

La destinée de M. Guizot n'a pas été plus heureuse pour la France.

L'éclat de ses talents, les lois dont il avait provoqué l'adoption sur l'instruction primaire et sur les chemins vicinaux, avaient fait naître au début·de sa carrière administrative les plus belles espérances; elles furent déçues. Dans son immense orgueil, dans son intolérance dogmatique, il se croyait maître d'enchaîner l'hydre révolutionnaire; il se flattait d'immobiliser la société dans un repos trompeur, à l'ombre d'un gouvernement parlementaire restreint aux étroites proportions de ce qu'il appelait le *pays légal*, composé uniquement, à ses yeux, de 200,000 censitaires, à l'exclusion des professions libérales. Refoulant ainsi le peuple hors de la Constitution, il constituait l'omnipotence oligarchique de la classe moyenne, au risque Je provoquer, par réaction, comme l'événement l'a montré, l'explosion de l'omnipotence démocratique qui a été réalisée par le suffrage universel.

Ces deux hommes de goûts et de tendances opposés avaient cependant fait taire leurs dissentiments et s'étaient unis à leurs adversaires dans la célèbre coalition de 1839, contre leur propre parti, pour reconquérir le pouvoir et s'en partager les faveurs.

M. de Lamartine a porté sur M. Guizot un jugement peut-être trop sévère, mais dont l'amertume n'exclut pas la justesse.

Il lui a reproché d'avoir représenté, comme ambassadeur en Angleterre, la politique de 1840; d'avoir vu trop tard cette politique prête à éclater en guerre générale; d'avoir assisté à Londres à la signature d'une nouvelle coalition des puissances contre la France; d'être revenu à Paris reprendre le pouvoir des mains de ce parti conservateur qu'il avait décimé et humilié; d'avoir désavoué, comme ministre conservateur, la politique qu'il avait professée comme ministre du 1er mars; d'avoir renoué, avec peu de dignité, les liens rompus par lui-même entre la France et l'Angleterre; d'avoir livré l'Orient aux Anglais et aux Russes, et désintéressé la France de la plus vaste succession que jamais la décomposition d'un empire ait ouverte au monde depuis le démembrement de l'empire de Constantin; d'avoir, lui, homme libéral, accompli, par nécessité de situation, l'œuvre la plus illibérale et la plus soldatesque des temps modernes : les fortifications de Paris; d'avoir, lui, homme probe, semé la cupidité dans une démocratie naissante, pour recueillir de serviles majorités au gouvernement; d'avoir fait de petites conquêtes dans l'Océanie ou dans les mers de Chine, pour amuser le pays avec des hochets dangereux, pendant qu'on lui dérobait sa liberté au dedans et sa part des empires au dehors; d'avoir enfin donné pour mot d'ordre à son parti cette maxime des gouvernements qui glissent sur leur pente vers la chute: « Rester au timon, enrayer le char et gagner du temps! »

Le jugement que nous avons porté sur M. Thiers s'applique également à M. Guizot, à la seule différence du caractère de ces deux hommes : même système de gouvernement à surprises et à effet, sans but déterminé.

Que pouvait-on espérer d'une pareille politique, qui n'avait d'autre règle que celle de l'intérêt du moment, d'une politique sans entrailles dans laquelle le peuple n'apparaissait que comme un danger à conjurer, un ennemi à combattre? Que pouvait-elle avoir de commun avec la seule politique solide et durable, celle qui doit s'appuyer sur la large base des améliorations populaires?

La construction du réseau de nos chemins de fer était une œuvre digne d'absorber toute l'attention, toutes les forces du gouvernement; mais il aurait fallu pour cela que le gouvernement modifiât la nature de ses préoccupations et que, dédaignant les entreprises d'une politique vieillie, il s'occupât sérieusement, dans l'intérêt du plus grand nombre, du développement du travail à l'intérieur et de l'extension de nos relations à l'extérieur, au triple point de vue des arts, des sciences et du commerce.

Voilà la vraie politique, la politique de l'avenir, celle qui, donnant satisfaction à tous les besoins et à tous les intérêts, mettrait à jamais le pays à l'abri des crises et des révolutions.

Il est, par conséquent, fort heureux que les visées du gouvernement au monopole de la construction et de l'exploitation des chemins de fer aient été repoussées en 1838, car cette œuvre qui exigeait une longue suite d'années calmes et prospères, eût été bien souvent interrompue et serait, en définitive, restée inachevée si l'exécution en avait été laissée à l'État.

En admettant, ce qui est fort douteux, que le gouvernement

eût été, à une époque quelconque de son existence, en mesure de recueillir les sommes nécessaires à l'exécution du réseau actuel, et dont le chiffre s'élève aujourd'hui à près de 10 milliards, les travaux n'eussent-ils pas été forcément suspendu, dans les moments de crise, de révolution, de guerre et même de simple prostration du crédit, et l'on sait combien de telles circonstances ont été fréquentes dans les trente dernières années? N'est-il pas certain que les fonds destinés à ces travaux eussent été, en vertu de la loi suprême du salut public, détournés de leur destination pour être employés à d'autres usages dans les périodes critiques? N'en aurait-il pas été ainsi, par exemple, en 1848, en 1870 et les années suivantes où la France s'est trouvée dans la nécessité de pourvoir à des besoins extraordinaires, de liquider les comptes de la guerre et de payer sa rançon? S'imagine-t-on encore que l'école communiste, arrivant au pouvoir dans la personne de M. Louis Blanc, ne se fût pas empressée, pour établir sa popularité, de décréter la *gratuité* des transports, si les chemins de fer avaient passé dans le domaine du gouvernement?

« Si l'État, » dit Proudhon, en 1852, « se déclarait exploiteur des chemins de fer en France, pays d'unité, le gouvernementalisme passait de la politique dans le travail, les théories du Luxembourg devenaient la religion de l'État, six ans avant qu'elles se produisissent, et la nation, sans qu'elle le sût, appartenait aux *Icariens* (1). »

Mais de son côté l'industrie privée n'était pas en état de recueillir l'héritage qui lui était offert; l'esprit d'association n'existait pas, et il ne fallait rien moins que de puissants efforts pour l'éveiller.

(1) C'est-à-dire aux communistes.

C'est là ce qu'on s'était proposé par la loi de 1842, qui constituait un appel énergique au concours des capitaux privés.

Cependant, malgré les grands avantages offerts par la loi de 1842, les capitalistes généralement restèrent sourds à cet appel, et le gouvernement se trouva obligé de commencer lui-même l'exécution de la plupart des grandes lignes classées comme étant d'un intérêt général de premier ordre.

Quatre lignes, celles d'Orléans à Bordeaux, de Tours à Nantes, du Centre, de Paris à Strasbourg, furent seules exécutées sous l'empire de cette loi ; les deux principales lignes de la Belgique et de Lyon-Méditerranée devinrent l'objet de lois spéciales en vertu de l'amendement ajouté à la loi de 1842 par M. Duvergier de Hauranne.

On se souvient, comme nous l'avons rappelé dans le précédent chapitre, que les banquiers de Paris, ayant à leur tête la maison Rothschild, avaient refusé d'accepter la concession du chemin de fer de Paris à la frontière de Belgique, pour une durée de quatre-vingt-dix-neuf ans, aux conditions mêmes de cette loi de 1842, c'est-à-dire avec l'abandon gratuit à titre de subvention de tous les travaux d'établissement du chemin, y compris les gares et stations, sauf la voie et le matériel qui seuls seraient restés à la charge de la Compagnie.

Deux hommes étaient appelés alors à jouer un rôle important et décisif dans les graves questions de travaux publics qui commençaient à préoccuper vivement l'opinion.

L'attention publique était fixée sur eux : l'un, M. Émile Pereire, comme le plus compétent en pareille matière, comme le véritable fondateur de l'industrie des chemins de fer en France ; l'autre, M. le baron James de Rothschild, comme le plus puissant banquier, comme le seul capable alors de diriger le courant des capitaux dans une voie encore inexplorée.

L'influence du premier de ces hommes, de celui dont l'initiative a préparé les grands travaux de ce siècle, était toute-puissante sur l'esprit du célèbre baron, à la suite duquel marchaient bon gré mal gré tous les banquiers de Paris.

Ces banquiers étaient loin de posséder à cette époque les immenses ressources dont ils disposent aujourd'hui, et dont ils sont redevables presque entièrement au succès même de cette belle industrie des chemins de fer.

Rien d'important ne pouvait se faire en dehors du grand financier; nul n'aurait osé arborer le drapeau de l'indépendance et lutter avec lui; son concours était toujours indispensable et son hostilité redoutée.

Son abstention avait suffi pour faire avorter la première tentative du chemin de Paris à Rouen par les plateaux, et elle avait paralysé longtemps les efforts de la Compagnie d'Orléans; son appui, réclamé par la seconde Compagnie de Rouen, avait assuré le succès de cette entreprise.

Cependant une longue expérience des affaires ne suffisait pas pour pénétrer l'avenir des chemins de fer et démêler les éléments incomparables de richesse que l'activité commerciale et la spéculation devaient y trouver.

Conduite avec la plus grande prudence, la maison de M. le baron James de Rothschild ne s'était élevée à un degré inouï de fortune que par la pratique des emprunts d'État, toujours favorables jusque-là aux contractants; dès lors, on ne doit pas s'étonner qu'il hésitât à prendre la responsabilité d'une œuvre à laquelle il n'avait été préparé ni par la nature de ses affaires ni par les habitudes de son esprit.

Il ne s'y résolut que lorsqu'il fut poussé en quelque

sorte par l'opinion publique, et le moment était proche où cette opinion allait se manifester hautement.

La première concession dont M. Émile Pereire prépara les éléments avec l'appui de la maison Rothschild fut celle du chemin d'Orléans à Bordeaux, dont le projet avait été présenté aux Chambres au nom de la Compagnie dont ils étaient les chefs.

Mais, comme il arrive toujours, l'opposition, qui avait fait avorter les projets primitifs du gouvernement, se retourna contre les Compagnies, et le système des concessions directes, combattu par elle à outrance, dut être remplacé par celui des adjudications publiques.

Le rabais devant porter sur la durée de la concession, la presse s'évertua à démontrer qu'il suffisait d'un petit nombre d'années pour procurer à la Compagnie adjudicataire le remboursement de son capital grossi de bénéfices considérables.

Aussi se trouva-t-il une Compagnie assez téméraire pour soumissionner la concession de ce chemin d'Orléans à Bordeaux pour une durée de vingt-sept ans.

Les membres mêmes du gouvernement, comme tous les hommes sérieux, gémissaient de cet entraînement, qui allait devenir la source de nouvelles déceptions et de ruines privées. La fièvre des chemins de fer continuait à gagner le public, et des Compagnies surgissaient de toutes parts pour solliciter la concession des lignes de Paris à la frontière de Belgique, de Paris à Lyon, de Lyon à Avignon, et de Paris à Strasbourg. La plupart de ces Compagnies offraient peu de garantie, et pour se donner, auprès du gouvernement, la consistance qui leur manquait, elles émirent des promesses d'actions qui obtinrent des primes plus ou moins élevées.

Le chemin de Belgique, autrement dit chemin du Nord, était le principal objet des convoitises de la spéculation, et M. de Rothschild dut se repentir alors de n'avoir pas accepté les propositions que peu de mois auparavant M. Émile Pereire avait été autorisé à lui faire au nom du gouvernement. Dans les Chambres, comme dans la presse, on relevait les avantages de cette ligne, en les exagérant outre mesure, de telle sorte que le gouvernement se vit dans l'obligation de procéder à sa concession avec publicité et concurrence, à charge de remboursement d'une somme de 90 millions dépensée par l'État. La loi de 1842 était ainsi dépassée dans les plus larges proportions.

Cet engouement et l'agiotage qui en fut la suite n'avaient eu d'autre but, de la part de divers prétendants, que de se créer des titres à une participation avantageuse à cette grande affaire.

Mais, au fond, en dehors du groupe représenté par la maison Rothschild, par MM. Pereire et leurs ingénieurs, nul n'était sérieusement préparé à l'entreprendre, nul surtout n'était certain de la mener à bonne fin. On dut, néanmoins, transiger et admettre, dans une fusion générale, à des degrés différents, les diverses Compagnies qui s'étaient formées. Cette fusion se fit au grand jour et avec l'assentiment du gouvernement.

M. Émile Pereire fut l'âme de ces négociations qui eurent pour effet de rattacher à ce grand projet toutes les forces financières du pays, celles même de l'étranger.

L'adjudication de ce chemin eut lieu pour une durée de trente-huit années, et cette condition d'une durée absolument insuffisante, qui n'était qu'une condescendance à l'opinion publique, ne devait pas tarder à être modifiée comme l'ont été les conditions de même nature acceptées alors par toutes les Compagnies ; la Compagnie nouvelle se trouva constituée avec tous les éléments de solidité désirables.

Cette concession eut lieu le 21 juillet 1845, et, l'année suivante, la ligne entière s'ouvrait avec éclat, aux applaudissements de la France et de la Belgique.

En moins de neuf mois, tous les travaux d'établissement avaient été achevés, la voie posée sur toute la ligne, les ateliers, les gares de marchandises et les stations s'étaient élevés comme par enchantement ; le matériel des machines, des voitures et des wagons avait été établi sur les données les plus perfectionnées ; le personnel administratif et technique avait été formé, bien que les éléments spéciaux fissent alors entièrement défaut ; enfin, un système complet de comptabilité, embrassant l'ensemble et les détails d'une aussi grande affaire, fut appliqué sans tâtonnements.

Cette belle organisation s'effectua sous la direction de MM. Pereire, avec le concours d'ingénieurs habiles et expérimentés, leurs amis et collaborateurs: MM. Clapeyron, Petiet, Le Chatelier, Maniel, Fournel, ingénieurs éminents auxquels l'industrie des chemins de fer est redevable des plus grands progrès, des perfectionnements les plus importants.

A l'exception d'un seul, M. Isaac Pereire, la mort a moissonné tous ces hommes, illustres parmi leurs pairs. Il est juste d'ajouter à ces noms celui de M. Mathias, directeur actuel du chemin du Nord, qui participa aux travaux de cette organisation avec autant d'activité que d'intelligence.

III

Les hommes qui avaient consacré leurs efforts à l'organisation de la grande ligne du chemin de fer du Nord, la plus importante de toutes celles créées jusqu'alors en France, ont accompli cette œuvre avec autant d'ardeur que de désintéressement.

Dans la répartition des profits de cette entreprise, entre ses fondateurs, la part du travail fut très faible; celle du capital, excessive. Ce fait, bien connu dans ses détails, fournirait ample matière aux réflexions de ceux qui considèrent l'intérêt comme le seul mobile des actions humaines.

Les résultats de l'exploitation des premières lignes n'avaient pas répondu immédiatement à l'attente générale et les déceptions ne tardèrent pas à succéder à l'engouement du public; seule entre toutes, la Compagnie des chemins du Nord surmonta heureusement les difficultés que lui opposèrent la force même des choses et les événements politiques.

Il n'en fut pas de même des Compagnies de Paris à Lyon, de Lyon à Avignon, d'Avignon à Marseille et de Bordeaux à Cette.

4

Les fusions des nombreuses Compagnies formées en vue d'obtenir la concession des principales lignes s'étaient effectuées, comme pour le chemin du Nord, sous les auspices de M. le baron de Rothschild et particulièrement par les soins de M. Emile Pereire ; mais l'action du riche banquier et de l'habile organisateur ne fut pas dans ces fusions ce qu'elle avait été pour le chemin du Nord, tout à fait libre et prépondérante.

Des influences diverses, toutes très puissantes, s'exercèrent en particulier dans l'affaire du chemin de Lyon.

Les promoteurs des Compagnies qui s'étaient groupées autour de cette entreprise n'étaient pas mus seulement par l'appât des bénéfices à espérer de son exploitation ; ils obéissaient à d'autres mobiles.

Ainsi les représentants des messageries, dont l'existence était gravement menacée, cherchaient à prolonger la durée de leur industrie ou à la transformer en la rattachant à celle des chemins de fer; les maîtres de forges et les chefs d'ateliers de construction, de leur côté, désiraient se procurer, à de bonnes conditions, l'écoulement de leurs rails et de leurs machines; les entrepreneurs de la navigation du Rhône nourrissaient l'espoir d'empêcher la construction du chemin de Lyon à Avignon, afin de conserver leur situation et le privilège de correspondre seuls avec le chemin de Paris à Lyon.

Comment s'étonner des   tions et des espérances de ces derniers, lorsqu'on voit, encore aujourd'hui, le gouvernement chercher à développer les voies navigables, bien qu'une expérience décisive ait montré leur infériorité, par rapport aux chemins de fer?

Ainsi ne va-t-on pas prodiguer des millions pour l'amélioration du Rhône, alors que les deux rives de ce fleuve sont sillonnées par des chemins de fer qui répondent à tous les besoins, et qui rendent, par conséquent, cette nouvelle dépense complètement inutile !

Les négociants, qui avaient fourni déjà la plus forte part du capital des Compagnies du Lyon à Avignon et d'Avignon à Marseille, formaient encore un groupe spécial.

Enfin la participation des banquiers de Paris aux entreprises projetées n'était pas moins importante pour assurer la réunion des capitaux nécessaires à leur exécution ; l'intervention des hommes compétents en matière de chemins de fer n'était pas moins nécessaire.

A ces divers titres, M. de Rothschild et MM. Pereire ne pouvaient rester étrangers aux combinaisons qui étaient en jeu, et leur concours était vivement sollicité.

M. Isaac Pereire fut désigné comme représentant de ces intérêts dans le Conseil d'administration de la nouvelle Compagnie du Lyon, et il accepta cette situation sans cesser de s'occuper de l'exploitation du chemin de fer du Nord ; il y entra dans un comité de direction qui s'organisa par ses soins et dont firent partie MM. Enfantin, Simons, administrateurs des Messageries ; Stourm, député, devenu depuis directeur général des postes, et James Odier, représentant la Banque Genevoise.

M. Jullien avait été nommé ingénieur en chef de la Compagnie. Cet ingénieur, d'une haute distinction, se recommandait au choix du Conseil d'administration comme ayant dirigé la construction du chemin de fer d'Orléans, et comme ayant fait pour le compte de l'État les études du chemin de Lyon.

La tâche administrative, facile au chemin du Nord, grâce à la prépondérance financière de M. de Rothschild et à l'autorité spéciale dont jouissaient MM. Pereire, était, au contraire, très difficile au chemin de Lyon, où les administrateurs, généralement étrangers les uns aux autres, n'étaient, en quelque sorte, que juxtaposés, et où les diverses influences dont nous avons parlé plus haut cherchaient à se faire jour.

Aussi le conseil d'administration se divisa-t-il, dès l'origine, en deux parties : l'une correspondant à l'école des chemins de Saint-Germain et du Nord, et représentée par M. Isaac Pereire; l'autre représentée par M. Jullien et correspondant à l'école du chemin d'Orléans, école dont M. Talabot devint plus tard le chef. Des liens étroits de camaraderie avec M. Jullien facilitèrent beaucoup les projets que nourrissait M. Talabot sur le chemin de Lyon, et, quoique ne faisant pas partie de l'administration de cette entreprise, il y disposait d'une manière absolue des voix de ceux des membres qui faisaient partie du conseil de Lyon.

Les vues des deux écoles présentaient de notables différences. L'une, celle dont M. Jullien faisait partie, était étrangère aux questions relatives à l'exploitation des chemins de fer, à l'égard desquelles il régnait alors une grande incertitude.

On n'était pas encore fixé, par exemple, sur la nature et la force des machines, sur la capacité des wagons à marchandises et sur le poids des rails.

Les ingénieurs anglais qui avaient construit et qui exploitaient le chemin de Rouen avaient donné la préférence aux rails d'un faible poids, aux machines légères et aux wagons d'une capacité de cinq tonnes.

Au contraire, les directeurs-ingénieurs des chemins de Saint-Germain et du Nord s'étaient constamment préoccupés de la

création d'un type de locomotives réunissant la puissance
à l'économie de la vapeur, et de celle de wagons à marchandises d'une capacité de dix tonnes, afin de réaliser les transports au meilleur marché possible.

Le poids des rails correspondait nécessairement à la lourdeur des véhicules qu'ils devaient supporter.

MM. Clapeyron, Flachat, Petiet, Le Chatelier et l'honorable M. Baude ont fait les travaux les plus remarquables pour le perfectionnement des machines.

Les problèmes relatifs à la construction des gares de voyageurs et de marchandises présentaient également des difficultés extrêmement sérieuses; leur solution exigeait une connaissance des faits, une expérience des besoins du public et du commerce, que rien ne pouvait suppléer.

Les ingénieurs des ponts et chaussées auxquels on doit la construction de nos chemins de fer ont exécuté des œuvres d'art qui laissent bien en arrière les travaux des Romains, sous les rapports de l'élégance et de la hardiesse; mais ils n'ont généralement pas compris l'importance commerciale des gares, l'influence que pouvait avoir leur disposition, sur l'économie du trafic et sur la commodité des voyageurs.

Ainsi, les premières gares d'Orléans et du chemin du Nord, à Paris, devenues presque immédiatement insuffisantes, ont dû être reconstruites à grands frais.

Celle du chemin de l'Est, d'une belle architecture, laisse, comme l'on sait, beaucoup à désirer, par l'exiguïté de ses dimensions.

Il en a été de même des gares de marchandises; partout on a dû faire les plus grands sacrifices pour les agrandir et pour en modifier les dispositions vicieuses.

Le chemin de Saint-Germain n'a dû sa prospérité qu'à l'étendue et aux aménagements d'une gare qui lui a permis de servir de tête à plusieurs lignes et de suffire, sans gêne, aux besoins de la plus grande circulation du monde.

Il est un autre exemple frappant des conséquences funestes que peuvent avoir la position des gares et leurs aménagements.

Le port de Marseille a vu décroître son trafic au profit de celui de Gênes, par suite de l'absence d'une gare maritime, et l'absence de cette gare est due absolument à l'hostilité de l'école dont M. Talabot était le chef vis-à-vis de celle qui était représentée par MM. Pereire.

La Compagnie Immobilière qui avait acquis, à l'incitation du Gouvernement, des terrains considérables en vue de la construction de cette gare, a été sacrifiée froidement et de propos délibéré aux jalousies et aux rancunes des chefs de la Compagnie de la Méditerranée, et une pareille ruine a pu se consommer au mépris de la loi même, par suite d'une tolérance inqualifiable de la part de l'administration des ponts et chaussées.

Les lois de concession votées en 1863 pour la construction de cette gare et de l'embranchement qui devait la relier au chemin de la Méditerranée restent depuis plus de quinze ans sans effet par suite d'une inertie calculée.

Le port de Marseille, d'une si grande importance pour toutes les relations commerciales de la France, est toujours traité par la Compagnie du chemin de fer de la Méditerranée comme une simple station de passage, la gare qui le dessert étant juchée sur le haut d'une montagne, à plusieurs kilomètres de la ville, ce qui grève toutes les marchandises de frais énormes de camionnage.

Cet état de choses, si préjudiciable à l'intérêt public, semble devoir se perpétuer. Et la seule objection que fasse la plus riche de nos Compagnies aux réclamations qui s'élèvent de toutes parts n'est autre que celle de l'importance des sacrifices que lui imposerait l'exécution d'un projet accepté par elle pour écarter la concurrence de la Compagnie du Midi.

Nous appelons ici l'attention la plus sérieuse du Ministre des Travaux publics ; c'est à lui qu'il appartient de rappeler la Compagnie à l'exécution de ses engagements. M. de Freycinet, si justement préoccupé de servir les intérêts placés sous sa garde, ne permettra pas que notre mouvement commercial comme la prospérité de notre grand port de la Méditerranée restent plus longtemps en souffrance.

Un désaccord sur les questions que soulevait la construction du chemin de Lyon était inévitable entre M. Pereire et M. Jullien, entre l'administrateur qui avait une longue expérience des nécessités et des besoins de l'exploitation, et l'ingénieur dont la compétence était grande sans doute, mais seulement dans les faits relatifs à la construction. Cependant, malgré tout ce qui fut tenté pour les diviser suivant les intérêts qu'on cherchait à faire prévaloir, un partage amiable s'opéra entre eux, dans les attributions qui se rattachaient à l'exploitation et à la construction du chemin.

Le premier prit la direction exclusive de l'établissement du matériel, des ateliers et des principales gares de voyageurs et de marchandises, comme celles notamment de Paris et de Bercy.

Un incident qu'il n'est pas inutile de rappeler ici, au sujet de la gare du chemin de Lyon à Paris, montrera la nature des agissements qui étaient pratiqués sous le ministère de M. Guizot en matière électorale.

Cette gare, dont les plans ont été dressés sous la direction de M. Isaac Pereire, avait été reportée du boulevard Mazas, où la fixaient les projets de M. Jullien, à la place de la Bastille, dans l'axe de la rue actuelle de Lyon.

Ce projet, infiniment supérieur au premier, puisqu'il rapprochait de l'intérieur de Paris la tête d'une ligne si importante, avait obtenu l'approbation du conseil des ponts et chaussées et, par suite, la Compagnie avait acquis dans ce parcours un grand nombre d'immeubles, au nombre desquels figurait l'importante usine Farcot. Les choses étaient parvenues à ce point, que cette usine avait été démolie et reconstruite à Saint-Ouen par les soins et aux frais de la Compagnie.

Mais il existait de vastes terrains sur l'emplacement destiné à la gare de Lyon ; ces terrains appartenaient à des propriétaires très influents qui cherchaient à en tirer un meilleur parti, et comme leur appui était jugé nécessaire pour l'élection d'un député que protégeait l'administration, pour leur être agréable, le Gouvernement céda à leurs sollicitations et n'hésita pas à sacrifier un intérêt public de premier ordre au succès de cette nomination, et, sans considération pour les dépenses déjà effectuées, la gare fut reculée jusqu'au boulevard Mazas, sur l'emplacement qu'elle occupe aujourd'hui.

A ces contrariétés venaient se joindre pour M. Pereire d'autres graves ennuis ; il avait sans cesse à faire obstacle à la conclusion de marchés sans concurrence, qui avaient pour but de favoriser divers intérêts particuliers.

C'est de cette époque que date la fortune des propriétaires de certaines usines. C'est ainsi, par exemple, que les rails du chemin de Lyon ont été payés 380 francs la tonne. Il en a été de même de tous les accessoires de la voie, dont la fourniture était attribuée d'avance à quelques privilégiés.

Ce que nous combattions alors, nous le combattons encore aujourd'hui; car à voir ce qui se passe, c'est vers ce bon temps où florissaient toutes les industries protégées, qu'on voudrait nous ramener en pleine république.

Convaincu de l'inutilité de ses efforts, M. Pereire prit la résolution de se retirer du comité de direction, tout en restant au sein du conseil, pour combattre des fautes qu'il ne put malheureusement réussir à prévenir et qui finirent par entraîner la chute de la Compagnie.

Les choses allèrent de la sorte jusqu'au moment où fut reconnue l'insuffisance du capital de la Compagnie; ce capital était de 200 millions, et l'insuffisance constatée de 100 millions, l'imperfection de la constitution des Compagnies de ce temps, comme l'absence des moyens de crédit, ne permettaient pas d'y pourvoir.

En outre, de grandes fautes financières avaient été commises, malgré tout ce qu'on avait tenté pour les empêcher; mais les efforts faits dans ce sens étaient malheureusement isolés : tous les fonds disponibles de la Société avaient été placés en rentes par les banquiers du conseil, et lorsque la révolution de février éclata, on se trouva dans la nécessité de réaliser ces rentes à vil prix, pour subvenir aux dépenses de construction, et cette opération imposa à la Compagnie une perte qui ne s'éleva pas à moins de 10 millions.

Il devenait, dès lors, difficile de rendre aux actionnaires un compte satisfaisant de la situation, et la cession du chemin au gouvernement s'imposait comme une nécessité absolue..

Cette cession eut lieu à des conditions désastreuses pour

les actionnaires ; le prix fut payé en rentes, à raison de 7 fr. 50 c. par action, au moment même où le crédit public éprouvait la plus grave dépréciation.

De son côté, la Compagnie de Lyon à Avignon, effrayée de la concurrence dont elle se croyait menacée de la part des entrepreneurs de la navigation du Rhône, renonçait à sa concession, et échappait ainsi au désastre qui l'eût atteinte inévitablement. (Il en fut de même de la Compagnie de Bordeaux à Cette, qui abandonna sa concession dans l'appréhension de la concurrence du canal du Midi.)

Les deux Compagnies de Paris à Lyon et de Lyon à Avignon, comme celle du chemin d'Avignon à Marseille, avaient eu à souffrir du même mal originaire : placées sous la direction exclusive d'ingénieurs spéciaux, préoccupés avant tout de la perfection de leurs travaux, elles avaient manqué du frein financier indispensable aux entreprises de cette nature.

Le chemin de fer de Lyon n'avait pas été le seul à souffrir de la révolution de Février.

Les chemins de Rouen, d'Orléans, et d'Avignon à Marseille, qui, à défaut de moyens de crédit régulier, avaient dû souscrire des obligations à court terme pour les besoins de leurs travaux, se virent dans l'impossibilité de faire face à leurs engagements.

Dès les premiers moments de la révolution, des grèves formidables avaient éclaté.

Tous les ouvriers ou agents du service actif des chemins de fer s'étaient déclarés en insurrection. Dans de telles circonstances le séquestre de l'État fut imploré par les Compagnies d'Avignon à Marseille et de Paris à Orléans, comme la seule voie de salut, et le gouvernement se trouva dans la nécessité de prendre l'exploitation de ces lignes.

D'autres chemins furent également placés sous le séquestre de l'État.

Seules, les Compagnies des chemins de Saint-Germain, de Versailles (rive droite), de Rouen et du Nord avaient conservé assez d'empire sur leur personnel pour faire tête à l'orage.

Et cependant les plus cruelles épreuves ne leur furent pas épargnées.

Leurs gares et leurs stations avaient été dévastées, leurs ponts détruits ou brûlés, et, comme dans les tristes jours de la Commune, les sombres lueurs de ces incendies se projetèrent sur la capitale.

Dans une même nuit, nuit néfaste! les environs de Paris furent éclairés par l'incendie des ponts d'Asnières, de Chatou, de Croissy et de Maisons.

Ces désastres n'avaient fait que redoubler l'énergie des directeurs de ces chemins ainsi saccagés.

Dans cette période de dix années que nous venons de parcourir, pendant laquelle l'entreprise des chemins de fer avait suscité tant de systèmes et de controverses, passant par des tâtonnements successifs, de l'exécution par l'État à l'exécution par l'industrie privée, puis à la combinaison des forces de l'État et des Compagnies, — dans ce milieu d'hésitations et d'incertitudes, d'illusions et de craintes exagérées, l'établissement des chemins de fer n'avait fait que peu de progrès.

A la fin de cette période, il n'y avait, en France, que 2,216 kilomètres en exploitation, tandis que la Grande-Bretagne en comptait 10,000, et l'Allemagne plus de 5,000.

La faiblesse de ce développement doit être attribuée,

d'une part, à la rigueur des conditions imposées aux Compagnies, et notamment à l'insuffisance de la durée des concessions.

D'autre part, à l'organisation incomplète des moyens de crédit ; on ignorait l'usage des obligations dans la formation du capital des Compagnies.

Il ne faut donc pas s'étonner des vicissitudes et des épreuves qui ont signalé l'existence des premières compagnies ; ce sont ces épreuves mêmes qui leur ont suggéré les remèdes à adopter et les moyens de donner à l'industrie des chemins de fer le développement que réclamait l'intérêt du pays.

Les efforts et les sacrifices à l'aide desquels un développement si considérable a été obtenu sont cependant méconnus aujourd'hui ; et cette œuvre si péniblement accomplie est devenue l'objet de haines jalouses, qui ne tiennent aucun compte de l'expérience du passé.

IV

Des deux écoles dont nous avons constaté l'existence et indiqué les ramifications, l'une, celle de Lyon, d'Orléans et de la Méditerranée, succombait sous le poids de ses fautes, et sollicitait l'intervention du gouvernement pour les réparer : les Compagnies d'Orléans et d'Avignon à Marseille, désarmées devant la révolte de leurs agents, abandonnaient même leurs exploitations et considéraient le séquestre de leurs lignes comme un bienfait ; l'autre, celle de Saint-Germain et du Nord, restée debout, en pleine possession d'une organisation administrative qui a servi de modèle aux principaux chemins de la France et de l'Europe, se sentait de force à dominer les difficultés du présent, si graves qu'elles fussent.

On ne saurait se faire une idée de ces difficultés aux premiers temps de la révolution de 1848, et mesurer sans effroi la gravité de la crise qui suivit ce grand événement politique.

Cette révolution avait provoqué les plus grandes perturbations dans le monde industriel et commercial. Le travail des usines et des fabriques s'était arrêté, le commerce se trouvait paralysé, toutes les valeurs étaient frappées d'une dépréciation énorme, et, par une conséquence inévitable, le mécanisme du crédit avait presque entièrement cessé de fonctionner.

Aussi les plus grandes maisons, menacées jusque dans leur existence, se voyaient réduites à solliciter l'appui de l'État. Dans ce désastre universel, l'État lui-même, impuissant à rembourser les dépôts confiés aux caisses d'épargne et à faire face aux payements des bons du Trésor, cherchait des ressources, afin de sortir de cette intolérable situation.

Les choses en étaient arrivées à ce point, que le premier ministre des finances de la révolution, l'honorable M. Goudchaux, éperdu, redoutant la responsabilité d'un effondrement qui semblait inévitable, menaçait de se suicider s'il n'était remplacé dans les vingt-quatre heures.

M. Garnier-Pagès fut délégué en toute hâte par le Gouvernement provisoire pour le remplacer et il dut prendre immédiatement les mesures énergique, que commandait la situation. Nous ne ferons que rendre hommage à la vérité en reconnaissant qu'on n'a pas suffisamment apprécié les actes de ce ministre et le courage dont il fit preuve en adoptant la seule mesure qui fût possible dans de pareilles circonstances, celle de l'augmentation des 45 centimes des contributions directes.

Cette résolution hardie le frappa d'impopularité, mais elle le place haut dans l'estime des hommes d'État. M. Thiers lui fut bien inférieur, en 1870. En recourant à des impôts vexatoires et mal assis, à des taxes sur les matières premières, l'aliment de toute industrie, il ne sut que diminuer le travail en même temps que se trouvaient augmentées les charges des consommateurs.

Ce n'est pas que les sauveurs fissent défaut en 1848 ; il n'y en avait que trop et leurs remèdes empiriques auraient achevé le malade s'ils eussent été suivis. Il est curieux de voir, en effet, dans l'histoire de cette époque par M. Garnier-Pagès, la nature des plans qui lui furent soumis, depuis les expédients qui n'étaient qu'un retour au *maximum* jusqu'à la *banqueroute*!

Le gouvernement eut le bon sens de repousser ces projets extravagants ou odieux, et l'influence de M. Émile Pereire sur ses anciens amis du *National*, alors tout-puissants, ne fut pas étrangère à cette sage détermination.

Cependant, les excitations contraires n'avaient pas manqué.

Les écoles socialistes, pleines d'illusions dangereuses, sous l'empire de fausses théories, ne redoutaient pas de fouler aux pieds les principes fondamentaux, les conditions essentielles de toute société civilisée.

L'organisation même de l'industrie était mise chaque jour en question ; on opposait les intérêts du travail à ceux du capital, qui était présenté comme un maître impitoyable, comme l'ennemi commun, dont il fallait s'affranchir au plus tôt. Égarés par de fausses doctrines, les ouvriers se considéraient comme les seuls, comme les uniques représentants du travail, qu'ils prenaient dans son acception la plus matérielle, et dont ils ne reconnaissaient l'existence que dans les manifestations exclusivement manuelles, tandis que les chefs d'industrie n'étaient, à leurs yeux, que les représentants d'une exploitation dont ils étaient les victimes.

MM. Pereire ont été des réformateurs, jamais des révolutionnaires ; à l'ignorance et au fanatisme des sectes socialistes, ils opposaient les vrais principes de la science économique :

une bonne organisation du crédit était, à leurs yeux, la meilleure, la seule manière d'assurer le travail.

Familiers avec les grandes questions qui agitaient alors la société, ils sentaient que des solutions complètes ne pouvaient être immédiates, car rien de définitif ne s'improvise en ce monde ; des solutions provisoires étaient seules possibles et tout retard alors pouvait être funeste.

La Banque de France s'était trouvée dans la nécessité de suspendre le payement de ses billets et les actions de ce grand établissement étaient tombées au-dessous du pair.

Toutes les Banques départementales allaient subir le même sort.

La combinaison des efforts, la centralisation des moyens de crédit étaient, dans ces circonstances d'une impérieuse nécessité.

Aussi, la réunion des Banques fut-elle décrétée, et la création du Comptoir d'escompte résolue sur les conseils de MM. Pereire.

M. Émile Pereire et M. Achille Fould, l'un des ministres des finances de l'Empire, en rédigèrent les statuts. Des institutions semblables furent créées à Lyon, Marseille, Rouen, Nantes, Lille, et dans d'autres villes encore.

Ces institutions rendirent immédiatement les services les plus signalés, et leur action bienfaisante n'a cessé de se faire sentir.

La partie la plus modérée de la classe ouvrière demandait une élévation considérable des salaires en même temps qu'une diminution excessive des heures de travail ; les plus violents, ou plutôt les plus ignorants, s'insurgeaient contre les œuvres les plus avancées du génie humain, contre les chemins de fer, contre les machines qui viennent, obéissantes, s'ajouter aux forces de l'homme pour diminuer son labeur et accroître son bien-être.

Tous, infidèles e principes de confraternité humaine que la Révolution fran e avait enseignés, exigeaient le renvoi des ouvriers étrangers.

Les Compagnies des chemins de Saint-Germain et de Versailles résistèrent seules à cet acte de sauvagerie, malgré la grève dont elles étaient menacées de la part des mécaniciens français, demandant le renvoi des mécaniciens anglais, de ceux-là même qui les avaient formés, et aussi, disons-le, à l'honneur des directeurs des deux Compagnies, malgré l'appui qui était donné à de telles exigences par la commission exécutive elle-même.

En dehors des luttes intérieures engendrées dans les ateliers par les déplorables idées qui tendaient à séparer les ouvriers des patrons, les difficultés au milieu desquelles se débattait l'industrie des chemins de fer s'accroissaient de jour en jour, et la continuation d'un pareil état de choses devenait impossible.

Les libéraux du *National*, aussi bien que les représentants du socialisme dans le gouvernement provisoire, étaient d'accord pour arracher l'exploitation des chemins de fer aux mains des Compagnies.

La seule différence qu'il y eût entre eux, c'est que les premiers cherchaient à adoucir les effets d'une pareille mesure, qui était contraire aux stipulations des contrats, aux clauses précises des cahiers de charges; ils voulaient bien consentir à discuter avec les représentants des Compagnies les bases de l'indemnité à accorder pour la reprise de leurs lignes par l'État, tandis que les seconds, y mettant moins de façon, auraient voulu imposer aux actionnaires dépossédés le payement de leurs titres d'après les cours avilis du moment.

Ce n'en était pas moins, dans les deux cas, une expropriation forcée et sans jury, sans aucune des garanties prévues par la loi, laissant ainsi l'une des parties à la discrétion de l'autre.

La situation des Compagnies était tellement intolérable, qu'elles durent se résigner à entrer en négociations avec les représentants du gouvernement provisoire.

En même temps que MM. Pereire recevaient de leurs Compagnies la mission de discuter le chiffre de l'indemnité qui devait leur être attribuée, ils étaient appelés par MM. Garnier-Pagès et Duclerc à faire partie d'une commission chargée de préparer les bases du système d'organisation et d'exploitation des chemins de fer par l'État.

Les autres membres de cette commission étaient MM. Enfantin, Léon Faucher, Stourm et Thibaudeau.

Quel que fût l'esprit d'équité dont pouvait être animé M. Duclerc, désigné par M. Garnier-Pagès comme son successeur au ministère des finances, on ne put réussir à se mettre d'accord. M. Duclerc, cédant sans doute à une pression extérieure et aussi aux exigences de la partie exaltée du gouvernement provisoire, présenta, pour le rachat des actions des principales lignes, un projet de loi basé sur les cours moyens du semestre antérieur à la révolution de février et payement de ces titres en rente dans les mêmes conditions, cours pour cours.

Cette solution n'était équitable qu'en apparence, car le cours des actions, essentiellement variable, n'est qu'un des éléments de leur valeur.

D'après ce projet, en effet, les actionnaires du chemin d'Orléans n'auraient reçu qu'un revenu de 50 fr., au lieu des dividendes de 62 fr. qui leur avaient été distribués.

Ceux du chemin de Rouen, 39 fr. au lieu de 51 fr.

Les actionnaires du chemin de Tours à Nantes devaient recevoir, aux termes du projet, 3 fr. 23 de rente 5 pour 100, qui, au taux de 70 fr., auraient produit environ 45 fr. par action, soit en tout 3.619,840 fr. ; cette somme était inférieure de 200,000 fr. au chiffre des valeurs que possédait la Compagnie, en caisse ou en portefeuille, indépendamment des travaux qu'elle avait exécutés, et dont le montant s'élevait à 11 millions.

Il en était de même pour la Compagnie de Strasbourg, dont les actionnaires n'auraient reçu que 4,42 de rente par action, ou 61 fr. 43 en capital, soit en tout 15,357,500 fr., en échange de 49,840,325 francs qui avaient été versés dans les caisses de la Compagnie, et sur lesquels 18 millions étaient déjà employés en travaux et en achat de matériel ; or il y avait plus de 30 millions en caisse et en portefeuille, de sorte que le gouvernement aurait bénéficié immédiatement d'une somme effective de 15 millions, indépendamment du montant des travaux exécutés.

Nous ne nous appesantirons pas sur les considérations développées à l'appui de ce projet.

M. Duclerc, instruit aujourd'hui par une expérience de trente années, désavouerait certainement l'exposé des motifs du jeune ministre de 1848.

Il a pu se convaincre des erreurs dans lesquelles il était tombé sur la prétendue incompatibilité de l'existence des Compagnies financières avec le régime républicain, sur le danger de concentrer entre leurs mains, comme il le disait, une partie des principales richesses mobilières du pays, et sur les inconvénients de prêter à des particuliers le crédit de l'État, et de livrer les valeurs publiques à la concurrence des valeurs industrielles ; il a pu voir combien étaient peu fondées les craintes relatives au pouvoir dont seraient investies les Compagnies de chemins de fer, et à la présence dans leur sein d'administrateurs étrangers ; combien étaient illusoires les périls que pouvait faire courir à l'État le personnel des voies nouvelles, qu'on représentait comme une véritable armée campant au milieu de nous et obéissant à une puissance indépendante de l'État. Il ne saurait croire sérieusement aujourd'hui au danger qu'il signalait d'abandonner à des Compagnies privées la direction des tarifs, de leur permettre ainsi de fixer arbitrairement la valeur et le prix de tous les objets ; de leur laisser, en un mot, le prétendu droit de régler la consommation et la production ; de développer ou de détruire, à leur gré, telle ou telle branche d'industrie et de commerce, par suite d'une étrange assimilation des tarifs avec les droits de douanes.

C'étaient de vaines terreurs, de fausses appréhensions que l'expérience a complètement détruites.

On retrouve, dans les rapports de M. Richard Waddington et de M. Allain-Targé, la plupart de ces arguments sans bases réelles et vieux de trente ans.

Les chemins de fer seraient devenus, effectivement, en 1848, la propriété de l'État, si les événements du 15 mai, l'envahissement de la Chambre et la dissolution qui en fut prononcée par les jacobins de cette époque, n'avaient été suivis d'une répression immédiate, et n'eussent ouvert les yeux du parti conservateur sur les dangers qui menaçaient la société, et si la crainte de ces dangers, enfin, ne lui eût donné le courage de repousser ce projet.

La commission des finances à laquelle il fut soumis en fit définitivement justice, en démontrant que, loin de donner une nouvelle impulsion aux travaux, le système de l'exécution des chemins de fer par l'État, alors à bout de ressources et privé de crédit, ne pouvait qu'en ralentir l'exécution.

Une ère de modération sembla dès lors renaître, et, sous l'influence d'une situation plus calme et d'idées plus saines, on sentit la nécessité d'entrer dans la voie des encouragements à donner aux Compagnies.

Le chemin de Paris à Lyon fut seul racheté, par suite de l'impuissance dans laquelle se trouvait la Compagnie concessionnaire de poursuivre son œuvre.

La Compagnie d'Avignon à Marseille, placée sous la direction de M. Talabot, reçut sa large part des encouragements qui furent distribués; elle réclamait de l'État un secours de 30 millions, indépendamment de la riche subvention de 32 millions et de l'abandon des terrains, évalués à 9 millions, dont elle avait été précédemment gratifiée pour une ligne d'une longueur de 124 kilomètres; cette nouvelle faveur, grâce toujours à l'esprit de camaraderie des ponts et chaussées, lui fut accordée, sous la forme d'un emprunt qu'elle fut autorisée à émettre avec une garantie d'intérêt de 5 pour 100.

Le chemin de Lyon à Avignon, comme celui de Bordeaux à Cette, avaient été abandonnés par leurs concessionnaires dans la crainte de la concurrence des voies fluviales à côté desquelles ces chemins venaient se placer.

On verra bientôt comment les trois tronçons de la grande

ligne de Paris à la Méditerranée se sont réunis ; comment les mêmes influences ont pu, en se coalisant, reprendre l'empire qu'elles avaient perdu, l'étendre encore, en s'appropriant les idées de l'école opposée, à laquelle elles n'ont cessé depuis de faire une guerre acharnée.

———

LA LIGNE DE LA MÉDITERRANÉE

ET LE 3 POUR 100 AMORTISSABLE DES COMPAGNIES

Nous avons vu dans les chapitres précédents l'État, les Chambres et l'opinion publique flotter pendant dix années entre les systèmes de la construction et de l'exploitation par l'État ou par l'industrie privée, et penchant alternativement vers l'un ou vers l'autre; l'avortement enfin de tous les deux.

Nous reprenons la question au moment où l'impuissance des Compagnies était constatée, où les unes, comme celles de Lyon à Avignon et de Bordeaux à Cette, abandonnaient les concessions qu'elles avaient sollicitées; où d'autres, comme celles notamment d'Avignon à Marseille et d'Orléans, étaient placées sous le séquestre de l'État; où la Compagnie de Paris à Lyon, ployant sous le poids de ses propres fautes, était obligée d'abandonner sa concession et de la céder à l'État à des conditions désastreuses pour ses actionnaires.

L'État se trouve alors forcément mis en demeure de continuer les travaux de cette ligne, ainsi que de celle de Paris à Chartres, qui n'avait pu être concédée par suite des événements de février.

Il sera bientôt dans la nécessité d'exploiter les portions achevées de ces deux lignes.

Mais l'argent manque pour suffire à la tâche qui lui incombe, et cependant jamais ne s'était fait plus vivement sentir la nécessité de donner de l'activité au travail national et d'alimenter les nombreuses branches d'industrie qui se rattachent à la construction des chemins de fer.

Ce n'est pas seulement la construction des voies dont l'État se trouve en possession qui souffre de la pénurie des ressources du Trésor; c'est encore sur les lignes restées aux mains des Compagnies que le travail est arrêté par le resserrement général du crédit.

Enfin l'État se trouve en face d'une tâche difficile à remplir, celle de l'exploitation, et son insuffisance ne tarde pas à éclater.

La publication intéressante de M. Jacqmin, directeur des chemins de fer de l'Est, fournit à cet égard des renseignements fort instructifs.

Nous ne nous appesantirons pas sur les faits qui y sont relevés sur l'incohérence des décisions relatives aux tarifs, sur la lenteur des approbations sollicitées du ministère des travaux publics par les conseils formés pour l'administration des chemins de Lyon et de Chartres dont l'État est propriétaire; ces lenteurs sont telles que ces conseils sont obligés de passer outre pour ne pas arrêter le service.

De toutes parts, à cette époque, se font entendre les réclamations sur la nécessité de relever l'industrie de l'état d'atonie dans lequel elle est plongée et de faciliter la reprise des travaux.

Le gouvernement sollicite en vain le concours des capitaux

privés; aucune Compagnie ne se présente pour répondre à ces appels désespérés.

Partout le crédit fait défaut, et le désastre de la Compagnie de Paris à Lyon, la situation critique du chemin d'Avignon à Marseille, comme l'abandon des concessions des chemins de Lyon à Avignon, de Bordeaux à Cette, ne sont pas faits pour attirer de nouveau les capitaux dans ces entreprises délaissées ou en souffrance.

D'ailleurs, le système financier adopté jusqu'ici par les Compagnies a montré son insuffisance.

Comment sortir de cette situation?

Sur l'initiative éclairée de M. Tarbé des Sablous, père du directeur du journal *le Gaulois*, il se forme, en 1849, une réunion de capitalistes, parmi lesquels on distinguait M. le duc de Galliera et M. Hardoin, anciens collègues de M. Isaac Pereire au chemin de Lyon; M. Ernest André, administrateur du chemin de Saint-Germain; M. Benjamin Delessert, fils de M. François Delessert, dont le nom était connu autant par sa participation philanthropique à toutes les œuvres de prévoyance et de charité que par sa grande situation. Ces capitalistes s'adressent à M. Isaac Pereire, et demandent au jeune financier les moyens de résoudre le terrible problème, dont l'État comme les Compagnies sont justement préoccupés; la solution est aussitôt trouvée, et elle est donnée, en termes si nets et si décisifs, qu'elle porte la conviction non seulement dans leur esprit, mais encore dans celui des ministres compétents, auxquels elle est soumise.

M. Hippolyte Passy, alors ministre des finances, et M. Lacrosse, ministre des travaux publics, la trouvent si satisfaisante, qu'ils la portent sans retard au conseil des ministres, présidé par M. Odilon Barrot, et dont faisait aussi partie l'honorable M. Dufaure; et il est décidé qu'on donnerait une suite immédiate au projet, qu'à cet effet il serait passé avec la Compagnie représentée par M. Isaac Pereire un traité portant concession directe du chemin de Paris à Lyon et à Avignon.

L'expérience avait porté ses fruits, et il avait été reconnu qu'il ne fallait plus s'occuper isolément du chemin de Paris à Lyon, mais bien de la grande ligne de la Méditerranée, non seulement jusqu'à Avignon, mais ultérieurement jusqu'à Marseille, avec les affluents des lignes du Gard.

Le projet avait été conçu, dès l'origine, dans son ensemble, de manière à éviter la possibilité de toute lutte entre la navigation du Rhône et le chemin de Lyon à Avignon, et, dans ce but, on avait reconnu la nécessité de constituer ce qu'on a appelé depuis la ligne unique.

Les moyens d'exécution, dont le conseil des ministres avait eu une parfaite connaissance, avaient été tenus secrets pour le public, afin d'éviter aux promoteurs d'une idée reconnue féconde la complication de concurrences qui ne pouvaien manquer de se produire aussitôt que l'idée serait connue; et, de fait, aucun prétendant ne se déclara tant que la pensée fondamentale du projet resta secrète. Il n'en fut pas de même lorsque, par suite d'indiscrétions regrettables, elle fut révélée au public.

Cette publicité prématurée amena, sous la forme d'un ajournement, l'avortement de ce beau projet.

L'idée qui lui servait de base n'était autre que l'emploi simultané des actions et des obligations pour la formation du capital de la Compagnie nouvelle, tandis que, jusque-là, le capital des Compagnies de chemins de fer avait été formé exclusivement au moyen d'émissions d'actions.

La Société nouvelle, en dehors des subventions directes ou indirectes qu'elle devait recevoir, était constituée au capital de 240 millions, auxquels l'État accordait une garantie d'intérêt de 5 pour 100.

C'est sur cette garantie que l'émission des obligations était basée, de telle sorte que ces nouveaux titres, qui avaient un privilège sur les recettes, se trouvaient garantis à la fois par l'État et par le capital fourni par les actionnaires.

La situation résultant de cette combinaison était avantageuse aux deux classes de capitalistes : à celle des obligataires qui n'avaient il est vrai qu'un intérêt fixe, mais jouissaient, en revanche, d'une complète sécurité; à celle des actionnaires, qui, en retour de l'abandon de tout ou partie de la garantie de l'État, absorbaient tous les avantages de l'entreprise; ces avantages devaient être d'autant plus considérables qu'on aurait émis une plus grande quantité d'obligations.

Le placement de ces derniers titres était certain.

Le principe du système des emprunts des chemins de fer se trouvait dès lors posé, et l'on sait les heureux résultats qui en sont dérivés.

Les émissions d'obligations 3 pour 100, suivant le type adopté depuis par toutes les Compagnies, allaient devenir l'instrument le plus énergique de l'exécution de nos voies ferrées, et ces obligations devaient être forcément amortissables par suite du caractère temporaire des concessions faites aux Compagnies, ce qui n'est pas le cas pour le gouvernement.

Dans ces conditions, la création d'un 3 pour 100 amortissable était parfaitement justifiée.

Aux Compagnies le crédit limité ; à l'État la perpétuité ; tel est le partage qui s'est opéré jusqu'ici dans les moyens de crédit adoptés par l'industrie et par le gouvernement.

C'est ce partage que tous nos efforts ont tendu à faire respecter.

La première application de ce type d'obligations a été faite par MM. Pereire au profit du chemin de fer du Nord : en vertu d'une décision de l'Assemblée générale de cette Compagnie, en date du 26 août 1851, ses actionnaires se trouvèrent dispensés d'une partie de leurs versements, ce qui constituait pour eux un double avantage.

Le projet de concession de la ligne unique, de Paris à Avignon, proposé par M. Isaac Pereire, avait été porté aux Chambres, et la commission qui fut chargée de son examen, sous la présidence de M. Berryer, s'était prononcée à une grande majorité pour son adoption.

Le rapport fut rédigé par M. Vitet ; il était conçu dans les termes les plus favorables, et la discussion allait s'ouvrir, lorsque le ministère Odilon Barrot fut renversé, et M. Lacrosse se trouva remplacé au ministère des travaux publics par M. Bineau, qui, dans le sein de la commission, avait été l'un des principaux adversaires du projet.

Cependant, telle était la force de la combinaison, que M. Bineau, après en avoir reçu communication, ne put s'empêcher de l'adopter, moyennant certains changements qui furent introduits dans le cahier des charges.

Dans cette nouvelle phase de l'affaire, l'adjonction du chemin de Lyon à Saint-Étienne au réseau principal fut décidée, et un traité d'achat provisoire de cette ligne fut aussitôt réalisé entre M. Pereire et MM. Séguin sous les auspices du Ministre; une nouvelle convention fut signée entre le ministre des travaux publics et M. Isaac Pereire.

Le projet ayant été de nouveau présenté aux Chambres, la discussion s'ouvrit le 28 février 1850.

Elle fut longue et brillante; les plus grands orateurs y prirent part; mais, comme nous l'avons dit plus haut, à la suite des indiscrétions qui avaient eu lieu, une coalition puissante s'était formée pour faire opposition au projet. Cette coalition, dont M. Talabot était l'âme, se composait des mêmes éléments qui avaient dominé l'ancienne Compagnie de Lyon, ainsi que celle de Lyon à Avignon et d'Avignon à Marseille : citons particulièrement les maîtres de forge aspirant au monopole des fournitures, et les mêmes capitalistes entrevoyant, grâce au nouveau système de crédit, la possibilité de reprendre désormais, avec certitude de réussite, l'exécution des chemins précédemment abandonnés.

A ces éléments s'en étaient joints d'autres pris dans les Compagnies d'Orléans et du Centre, qui méditaient une concurrence, par le Bourbonnais, au chemin de Paris à Lyon par la Bourgogne.

Aucun des intérêts qui pouvaient être opposés au succès de la combinaison soumise aux Chambres n'avait été laissé en dehors de cette coalition; on y avait même appelé les entrepreneurs de l   vigation du Rhône, en leur faisant espérer une séparation, une solution de continuité entre les lignes de Paris à Lyon et de Lyon à Avignon, par conséquent la possibilité d'un partage, en concurrence avec ce dernier chemin, des produits de la ligne de Paris à Lyon.

Les maîtres de forges, jaloux de ressaisir un monopole qui depuis n'a fait que se consolider et s'étendre, se distinguaient surtout par leur ardente hostilité.

En vain, MM. Berryer et Lamartine, réunis cette fois sur
le même terrain, déployèrent-ils toutes les ressources de leur
éloquence en faveur d'un projet qu'ils considéraient comme
vital pour la France, comme rouvrant les sources du crédit et
comme fournissant un aliment indispensable aux branches si
nombreuses de l'industrie qui se rattachent aux chemins de
fer, comme devant procurer du travail et du bien-être à des
centaines de mille ouvriers et employés de toutes sortes et de
tous rangs ; en vain, M. Léon Faucher et tant d'autres orateurs à sa suite, cherchèrent-ils à faire entendre la voix de la
raison et de l'intérêt public ; la coalition s'était comptée, et
elle disposait de la majorité ; majorité faible, il est vrai,
mais suffisante pour le triomphe de ses projets. N'osant
demander le rejet de la loi présentée, elle en proposait l'ajournement et la division de la concession en deux parties distinctes et séparées.

Elle faisait apparaître le fantôme du monopole effrayant
qui serait donné à la nouvelle Compagnie par la concession
d'une aussi longue ligne que celle de Paris à Avignon, dont
l'administration dépasserait les forces humaines. Et les
hommes qui présentaient de pareils arguments sont ceux-là
mêmes qui ont exploité et exploitent encore le chemin de
Paris à Marseille avec ses nombreuses ramifications.

Après une mémorable discussion qui avait rempli plusieurs
séances, la Chambre adopta, le 12 avril 1850, contre l'avis
du gouvernement, à une faible majorité, un amendement présenté par M. Benoist-d'Azy, l'un des principaux maîtres de
forges de la Nièvre, portant que la ligne serait *brisée* à Lyon
et que le gouvernement était invité à modifier son projet
dans ce sens.

A partir de ce moment, l'état de marasme dans lequel était tombée l'industrie des chemins de fer ne fit que s'accentuer, et les deux années qui suivirent jusqu'à l'avènement de l'Empire furent remplies par des agitations stériles, par les luttes acharnées des partis qui se disputaient le pouvoir.

Cependant, la cause de l'exploitation par l'État était perdue; on sentait la nécessité de relever les Compagnies existantes et de leur donner des encouragements sérieux.

C'est dans ce but que la durée de toutes les concessions fut prolongée et portée à 99 ans.

Nous touchons à la grande époque de 1852, où les réseaux actuels de nos chemins de fer furent définitivement constitués et où les Compagnies, grâce aux nouveaux moyens de crédit que nous venons d'indiquer, purent donner aux travaux publics une impulsion à laquelle la France doit sa grande prospérité.

PÉRIODE DE 1852 A 1859

I

L'année 1852 fut le point de départ d'une époque mémorable dans l'histoire des chemins de fer.

Aux tâtonnements, aux luttes et aux épreuves des années que nous avons parcourues, va succéder l'action énergique d'un gouvernement qui, se proposant un programme d'améliorations populaires, recherche dans la confiance publique, dans le développement du crédit, la force et les moyens de le réaliser.

Les expériences et les essais font place à un vaste dessein, poursuivi avec persévérance et dont l'exécution ne doit plus rencontrer d'obstacles.

Tout était prêt d'ailleurs, à ce moment, pour un grand mouvement d'entreprises et de travaux; les éléments en étaient assemblés, les matériaux abondaient, tous les systèmes avaient été discutés et expérimentés; enfin, l'instrument le plus actif du crédit des Compagnies venait d'être trouvé par l'emploi simultané des actions et des obligations dans la formation de leur capital.

5

Les Compagnies pouvaient désormais compter sur des ressources certaines, au moyen de la création de ces titres privilégiés d'obligations qui, garantis généralement par l'État et répandus dans toutes les mains, classés dans toutes les familles, devaient bientôt occuper une large place dans le système financier de la France.

A la fin de l'année 1851, après une période de plus de vingt années, la longueur totale des chemins de fer concédés n'était que de 3,910 kilomètres, et celle des chemins livrés au public de 3,546 kilomètres, sur lesquels 383 kilomètres exploités par l'État.

Ces résultats doivent paraître bien faibles, bien insuffisants, si l'on considère que l'Angleterre avait en exploitation, à la même époque, 11,039 kilomètres, et l'Allemagne 8,840 kilomètres.

Cinq années plus tard, en 1857, grâce aux mesures adoptées, aux encouragements donnés, grâce à la garantie d'intérêts libéralement octroyée, à des subventions judicieusement réparties, la longueur des chemins concédés s'élevait à 14,247 kilomètres.

Le gouvernement avait en même temps favorisé les rapprochements et les fusions des Compagnies afin de leur donner une base plus large et des moyens plus étendus.

C'est à ces fusions auxquelles on ne cesse d'adresser aujourd'hui le reproche de monopole excessif, qu'est due réellement la construction du second réseau de nos voies ferrées dans les conditions tracées par la législation de 1859, conditions aussi économiques pour l'État que favorables à l'intérêt général.

Ces fusions fournissaient à l'État les moyens d'étendre sur

l'exploitation des chemins de fer ses droits encore mal définis de contrôle et de surveillance. Elles étaient principalement utiles au public, puisqu'elles permettaient aux Compagnies de chemins de fer de compléter l'œuvre commencée. Si, d'une part, la réduction des frais d'exploitation, l'unité de mouvement dans les services, l'éloignement des concurrences, offraient aux Compagnies de sérieux avantages, de l'autre, le système des fusions amenait l'uniformité des tarifs, une plus grande facilité de circulation, des mesures de sécurité et des améliorations plus générales et plus étendues.

En résumé, à la considérer dans son ensemble, l'œuvre entreprise en 1852 et poursuivie pendant les années suivantes restera mémorable dans les annales des chemins de fer. Une impulsion extraordinaire donnée à toutes les entreprises, le crédit des Compagnies restauré, les grandes artères terminées en peu de temps, de nombreux embranchements exécutés, le pays mis en possession d'un réseau de voies ferrées, reliées entre elles et se reliant avec celles des peuples voisins, ce sont là des résultats qu'on n'aurait osé ni espérer ni rêver avant l'initiative hardie qui leur avait donné l'occasion de se produire.

Les principes de liberté commerciale inaugurés en 1860 et l'essor immense qu'en a éprouvé notre commerce d'exportation et d'importation n'ont été que la suite et la conséquence naturelle de ces travaux, le simple développement du programme adopté au début de l'Empire et dont on ne s'est que trop malheureusement écarté, sous l'influence d'aspirations décevantes à une domination universelle par le prestige et la vaine gloire des armes.

Plût à Dieu qu'on eût persévéré dans la voie féconde où

l'on s'était d'abord engagé, au lieu de prêter l'oreille aux faux prophètes, de s'abandonner à des hommes follement épris d'un libéralisme vague et creux, aux adeptes d'une politique stérile et toute d'ambition personnelle qui, négligeant le fond pour la forme, se complaisent dans des discours sans fin au lieu de répondre par des actes sérieux et positifs aux besoins des sociétés modernes!

Si du moins les leçons de l'histoire pouvaient n'être point perdues!

La jeune République ne s'honorerait pas seulement en jugeant le passé avec justice et impartialité, elle y puiserait encore des éléments de vitalité et de durée. On ne saurait méconnaître, en effet, la grandeur des premiers temps de l'Empire et la cause véritable de cette grandeur. On ne saurait se dissimuler que, s'il eût continué à se fonder sur la paix et le travail, s'il s'était entouré d'institutions populaires, conciliant ainsi l'unité de pouvoir et le progrès incessant des sociétés dans les voies de la liberté, il aurait pu défier toutes les attaques et fournir une longue carrière.

Parmi les concessions faites en 1852, il faut signaler celle du chemin de Paris à Lyon, et celle de Lyon à Avignon, la première accordée directement, dès le 3 janvier de cette année, à une Compagnie composée des principaux banquiers de Paris, la seconde, qui eut lieu par voie d'adjudication, et qui fut soumissionnée par cette réunion de maîtres de forges qui avait noué la coalition de 1850 contre le projet de la ligne unique de Paris à Avignon (1).

Au nombre des adjudicataires figurait M. Benoist, celui-là

(1 Voir article du 16 octobre 1878.

même qui avait fait adopter à cette époque, par la Chambre, un amendement portant injonction au gouvernement d'opérer le *brisement* de cette grande ligne à Lyon, par une solution de continuité, dans cette ville, entre les deux portions du chemin de la Méditerranée.

Derrière eux se trouvait M. Talabot avec son cortège ordinaire de clients, accru de la maison Rothschild, dont MM. Pereire étaient alors séparés.

Les Compagnies de Paris à Lyon et de Lyon à Avignon se reconstituèrent d'après les combinaisons qui avaient servi de base au projet de la ligne unique de Paris à Avignon.

Il en fut de même de toutes les autres Compagnies, nouvelles ou anciennes, qui établirent ou modifièrent leur constitution sur les nouveaux principes de crédit et eurent recours aux emprunts d'une manière normale et régulière pour la formation de leur capital et pour l'extension de leurs réseaux.

Les fusions qui s'accomplirent dans la même année furent, d'une part, celles des chemins de Lyon à Avignon — d'Avignon à Marseille, et du Gard jusqu'à Cette; — de l'autre celles des chemins de Paris à Orléans — du Centre — d'Orléans à Bordeaux — de Tours à Nantes — de Châteauroux à Limoges — du Bec-d'Allier à Clermont — avec embranchement de Saint-Germain-des-Fossés sur Roanne, de Poitiers à La Rochelle et à Rochefort.

Nous avons déjà constaté que la direction du réseau de la seconde portion du chemin de la Méditerranée appartenait à M. Talabot.

Ceux du réseau d'Orléans et du Centre avaient à leur tête M. Bartholony, financier d'une valeur incontestable, doué d'une rare énergie et d'une persévérance à toute épreuve.

Les chefs de ces deux réseaux, qui avaient marché en 1850 sous le même drapeau, obéissaient toujours à une inspiration commune. Leur but était de constituer, par le Bourbonnais, la grande voie de la Méditerranée, au détriment de la ligne par la Bourgogne, à laquelle on cherchait, en outre, à faire échec dans le dessein avoué d'entrer en partage de ses produits.

Pour arriver plus sûrement à de telles fins, on s'était ménagé des intelligences dans le camp opposé, et l'un des appuis sur lesquels on comptait le plus, appui inconscient du rôle auquel on le destinait, était M. Jullien, resté l'ingénieur de la nouvelle Compagnie du chemin de Paris à Lyon, sur l'achèvement duquel ses vues et son ambition s'étaient exclusivement concentrées.

M. Jullien était certes un ingénieur fort habile en matière de tracé et de construction de chemins de fer; mais ce n'était qu'un homme spécial, malgré ses prétentions à intervenir dans les questions générales que soulevait cette industrie naissante; autoritaire par nature et impatient de toute contradiction, il voulait régner en maître absolu sur les conseils d'administration asservis à sa volonté, et il n'y a que trop réussi pendant un certain temps.

M. Jullien n'avait jamais cru à l'avenir du chemin de Lyon à Avignon, et les épreuves que subissait alors le chemin d'Avignon à Marseille n'étaient pas de nature à modifier cette opinion bien arrêtée dans son esprit.

Rien ne fut négligé, d'ailleurs, pour raviver le funeste antagonisme qu'on avait suscité, dans l'ancienne Compagnie de Lyon, entre M. Isaac Pereire et M. Jullien.

Les conseils de ce dernier ne devaient pas avoir de plus

heureux résultats dans la nouvelle Société que dans l'ancienne.

Les faits qui vont suivre montreront la faiblesse de la plupart des administrateurs auxquels furent confiées à nouveau les destinées de la Compagnie de Paris à Lyon; ils fourniront un exemple non moins remarquable des contradictions de l'esprit de parti.

Les fautes commises passèrent inaperçues; elles furent couvertes par le succès d'une entreprise à l'avenir de laquelle n'avaient pas cru ceux-là même qui en recueillirent exclusivement tous les bénéfices. L'ignorance de la valeur du chemin de Paris à Lyon, par exemple, était telle, chez les banquiers qui furent appelés à s'occuper de cette grande entreprise, que, dans leurs calculs, ils ne voulaient pas admettre d'évaluations de recettes supérieures à 15 millions, c'est-à-dire à moins du cinquième de ce que produit cette section de la ligne de la Méditerranée. Deux hommes seulement, M. Pereire et M. Talabot, en avaient compris toute l'importance. Ils ont constamment poursuivi le même but, quoique par des voies différentes et opposées; malheureusement, le premier fut loin d'être aussi bien secondé que le second.

Dans les années qui précédèrent le renouvellement de la concession du chemin de Paris à Lyon, M. Auguste Dassier, banquier suisse, resté jusque-là étranger aux questions de chemins de fer, se rattacha à M. Isaac Pereire et adopta tous ses plans. Il devint plus tard président de la Compagnie et recueillit largement les fruits de cette situation.

M. Pereire et M. Dassier furent les vrais, les seuls organisateurs de la nouvelle Compagnie.

Toutes les conditions de cette concession, les cahiers des

charges et les statuts, furent discutés et arrêtés par eux. Les autres fondateurs ne firent qu'accepter une œuvre toute faite.

La Compagnie de Lyon à Avignon, constituée en même temps que celle de Paris à Lyon, ne paraissait pas viable; ses actions ne se cotaient point encore, et des pourparlers très sérieux avaient eu lieu entre MM. Isaac Pereire et Ernest André, administrateurs délégués par la Compagnie de Paris à Lyon, et l'un des principaux représentants de la Compagnie de Lyon à Avignon, dans le but de faire rentrer celle-ci dans la première par voie de fusion ou d'achat.

Il ne fut question d'abord que d'accorder des positions à certaines personnes; mais, au fond, il s'agissait d'assurer à quelques privilégiés des travaux importants et des commandes de matériel.

Ces choses se passaient au mois de mars 1852, à l'époque où les plans de conversion de M. Bineau, alors ministre des finances, étaient en voie de réalisation.

Le projet avait été mal conçu; il devait s'effectuer en 4 1/2 pour 100, ce qui faisait subir aux rentiers une perte du dixième de leurs revenus, sans compensation d'aucune sorte.

Le maintien du 5 pour 100 au-dessus du pair était une condition absolue de succès, afin d'éviter des demandes de remboursements auxquelles on n'aurait pu satisfaire, et les cours de ce fonds éprouvaient alors une faiblesse inquiétante.

M. Bineau, qui avait cru pouvoir se passer des banquiers, ne trouvait aucun appui parmi eux. Ceux-ci se déclaraient complètement impuissants à fournir la somme de 100 millions à laquelle on évaluait la quantité de rentes qu'il eût fallu acheter pour obtenir le résultat désiré.

Dans une situation aussi critique, M. Isaac Pereire trouva une solution aussi simple que décisive.

On sait que la Banque de France prête sur nantissement de rentes les 4/5 de leur valeur.

Pour obtenir de cet établissement les 100 millions dont on avait besoin, il fallait y déposer des rentes pour une somme égale sur lesquelles on obtenait un prêt de 80 millions; il suffisait donc de se procurer la somme complémentaire de 20 millions pour être en mesure d'effectuer cette opération d'emprunt. Comme la Compagnie de Paris à Lyon, dont le gouvernement avait réclamé le concours pour cette opération, avait alors 14 millions en compte courant au Trésor, il n'y avait à trouver qu'un solde de 6 millions, que M. Isaac Pereire put réunir très rapidement.

L'opération, réalisée aussitôt, réussit à l'entière satisfaction du ministre.

M. Bineau, pour reconnaître le service rendu par M. Isaac Pereire, lui demanda, au nom du gouvernement, d'indiquer ce qui pourrait être fait en sa faveur.

M. Isaac Pereire, toujours préoccupé de son projet d'unification des diverses sections du chemin de la Méditerranée, se borna à demander qu'on levât l'interdiction sauvage en vertu de laquelle les deux portions du chemin de la Méditerranée devaient se trouver séparées à Lyon; que le chemin de la Bourgogne fût mis à l'abri de la concurrence du chemin du Bourbonnais, et que la fusion des chemins de Lyon à Avignon, d'Avignon à Marseille et de leurs affluents, fût réservée, pendant un certain délai, à la Compagnie du chemin de Paris à Lyon.

Ce délai avait été fixé verbalement à une année, et le

gouvernement refusait, au même moment, de ratifier un projet de fusion préparé entre les lignes de Lyon à Avignon, d'Avignon à Marseille et du Gard (1).

Rien ne s'opposait plus à ce que les négociations entamées pour la fusion reprissent leur cours.

L'œuvre de la coalition, pendant ces dernières années, se trouvait ainsi annulée, et M. Isaac Pereire touchait au moment où il allait réaliser son projet favori, de la réunion, dans les mains d'une seule Compagnie, de la ligne unique de Paris à Marseille avec les annexes des chemins du Gard et de l'Hérault.

La stupéfaction fut grande parmi les adversaires du chemin de Paris à Lyon, qui se trouvaient ainsi à la discrétion de cette Compagnie, et on comprend facilement les efforts désespérés qui durent être tentés pour faire échouer les dispositions arrêtées.

(1) Voici le texte de ces dispositions insérées dans le décret du 27 mars 1852, qui avait alors force de loi :

« La Compagnie (celle du chemin de fer d'Orléans et de ses annexes) ne pourra contracter aucun traité de fusion ou d'alliance avec les Compagnies des chemins de fer de Lyon à Avignon et d'Avignon à Marseille.

« L'interdiction résultant de la loi du 1er décembre 1851 à la réunion des Compagnies des chemins de fer de Paris à Lyon et de Lyon à Avignon est levée.

« Les concessionnaires de ces deux lignes, actuellement distinctes, seront admis à les réunir dans une seule et même entreprise concédée à une même Compagnie, et même à y joindre le prolongement de Marseille à Avignon et toutes les autres lignes affluentes.

« Les dispositions de l'article 48 du cahier des charges de la concession du chemin de Lyon à Avignon, qui prescrivent la plus complète égalité pour les correspondances établies entre le chemin de fer de Lyon à Avignon et les chemins de fer de la Bourgogne et du Centre, sont maintenues et au besoin étendues à toute la ligne de Marseille à Lyon.

« Les travaux de l'embranchement de Roanne ne pourront être entrepris avant que le projet de fusion des Compagnies jusqu'à Marseille soit soumis au gouvernement, ou, à défaut, avant un délai de deux ans. »

Mais ce qu'on aura de la peine à comprendre, c'est l'appui que trouvèrent ces efforts au sein même du Conseil de Paris à Lyon, où les Compagnies rivales comptaient plus d'un représentant; telle fut l'habileté diplomatique déployée en cette circonstance par les opposants, qu'ils parvinrent à annuler complètement l'effet de mesures aussi avantageuses.

La Compagnie de Paris à Lyon ne profita pas, en effet, des délais dans lesquels pouvaient s'exercer les facultés dont M. Isaac Pereire l'avait fait doter, et elle se hâta même de renoncer volontairement à une fusion qui aurait pu se réaliser alors dans les conditions les plus favorables pour les actionnaires du chemin de Paris à Lyon, puisqu'on pouvait obtenir les actions du chemin de Marseille à Avignon et celles du Gard bien au-dessous du pair contre paiement en obligations, et celles du chemin de Lyon à Avignon au pair de 500 francs.

M. Jullien n'avait pas peu contribué à ce résultat négatif.

Le 8 juillet de la même année 1852 s'effectua, du consentement de la Compagnie de Paris à Lyon, la fusion interrompue des chemins de Lyon à Avignon, d'Avignon à Marseille, du Gard et de l'Hérault.

En 1855, un traité était passé entre les trois Compagnies de Paris à Orléans, de Paris à Lyon et du Grand-Central pour la construction et l'exploitation à frais et profits communs du chemin de fer de Paris à Lyon par le Bourbonnais.

Enfin, le 11 avril 1857, se réalisait la fusion générale, poursuivie avec tant de persévérance par M. Isaac Pereire, a t profit des Compagnies réunies de Lyon à Marseille et à Cette. En tenant compte des prix relatifs pour lesquels les actions des deux Compagnies entrèrent dans la fusion, à 1,680 pour celles de Paris à Lyon et à 2,160 pour celles de Lyon à

Marseille et à Cette, comparés avec les prix auxquels cette fusion aurait pu se faire en 1852, on put constater, pour la Compagnie de Paris à Lyon, une perte de plus de 150 millions.

A partir de ce moment, M. Isaac Pereire cessa de s'occuper activement de la Compagnie de Lyon.

Préoccupés avant tout de l'intérêt public, MM. Pereire avaient été jusque-là exploités par les uns, combattus par les autres; instruits par une triste expérience, ils ne devaient plus compter que sur eux-mêmes dans l'accomplissement de leurs projets ultérieurs.

Dans un prochain article, nous suivrons le développement du système inauguré en 1852.

II

On a oublié de nos jours les craintes et les alarmes qui agitaient les esprits dans les derniers temps de l'Assemblée nationale de 1848.

L'année 1852, dont l'avènement était proche, se présentait sous les couleurs les plus sombres; l'existence de la propriété semblait menacée, et jusque dans les campagnes les plus reculées, le communisme avait étendu les ravages de sa propagande et recueilli de nombreux adeptes.

Dégagés des préoccupations politiques auxquelles ils avaient été en proie et des menaces d'un faux socialisme, les esprits aspiraient au calme et au repos; un nouvel ordre de choses venait d'être fondé et cette même année 1852, qui devait être si fatale à tous ceux qui possédaient quelques biens, à toutes les supériorités sociales, en un mot, s'ouvrait, au contraire, sous les plus favorables auspices.

Libre désormais et tranquille sur le présent, la France se livrait à toutes les espérances d'un avenir nouveau.

Toutes les idées étaient tournées vers le développement de l'industrie; on ne songeait qu'aux affaires; on ne voyait pas de limite à l'essor que pouvait prendre l'activité nationale, à l'extension de notre influence pacifique et civilisatrice. Les efforts des hommes les plus opposés semblaient converger vers un but commun, celui de la prospérité générale par le développement des grandes entreprises.

Tel était le véritable état des choses à cette époque.

Ce mouvement des esprits était dû à l'impérieux besoin d'ordre qu'éprouvait une société trop fortement ébranlée, à l'avantage alors bien senti de remplacer une politique vague et creuse par une politique donnant satisfaction aux besoins moraux, intellectuels et physiques des classes nombreuses qui forment les 19/20 du peuple français.

Cette activité s'était surtout manifestée dans la direction du développement des travaux publics.

La guerre de Crimée elle-même, malgré ses péripéties émouvantes, malgré les dépenses énormes qu'entraînait l'entretien de nos armées, n'eut pas le pouvoir de détourner la nation de la voie féconde dans laquelle elle s'était engagée, et l'on put mener de front, ce qui s'était rarement vu, les grands efforts de la guerre et les grands travaux de la paix.

Les chemins de fer avaient inauguré cette période d'affaires. Aucun esprit d'exclusion n'avait prévalu dans le partage des concessions; et des Compagnies nouvelles étaient venues augmenter le nombre de celles qui existaient déjà.

Cependant les grandes Compagnies furent les plus favorisées dans la distribution des lignes à construire, c'était bien naturel; elles trouvaient dans l'existence de leur capital primitif, et dans les produits dont elles étaient en possession, plus de garanties à offrir et la possibilité d'émettre des obligations à des conditions plus avantageuses que les petites Compagnies qui, pour être en mesure de créer ces mêmes titres, étaient d'abord tenues de pourvoir à la constitution d'un capital actions.

Or, la formation de nouvelles Compagnies était toujours fort difficile par suite de l'absence alors complète de grandes institutions de crédit et de l'insuffisance des banquiers qui, en dehors des opérations d'emprunts publics, se renfermaient généralement dans un cercle d'affaires très restreint.

Il y a à peine trente ou quarante ans, les banquiers, par l'intermédiaire desquels s'accomplissaient tous les mouvements d'argent, vivaient surtout des embarras inextricables de la circulation internationale résultant de la multiplicité et de la variété des monnaies; cet état de choses, qui fort heureusement n'existe plus, tenait autant aux vieilles habitudes propres aux divers États qu'à l'incertitude des règles qui présidaient à la composition de ces monnaies.

L'industrie des banquiers avait pour objet principal de rectifier des différences, de rétablir la parité des monnaies par des opérations et par un mécanisme de crédit qui prenait le nom d'arbitrages.

Les progrès accomplis de nos jours ont été, sous ce rapport, tellement rapides, que les coutumes et les habitudes auxquelles nous venons de faire allusion apparaissent, à la génération actuelle, comme des souvenirs lointains d'un autre âge.

Les extensions des réseaux existants, les agrandissements en projet, quoique facilités par le nouvel instrument de crédit qui venait d'être créé, celui des obligations, se trouvaient cependant nécessairement limités par l'organisation imparfaite dont nous venons de tracer le tableau.

On était dans la nécessité inévitable de subir l'intervention souvent onéreuse, toujours absorbante d'un petit nombre de maisons de banque qui s'étaient jusque-là partagé exclusivement les opérations financières de la France, et il était difficile de pénétrer à travers les mailles serrées du réseau étendu par elles sur toutes les sources de la production des capitaux.

L'oligarchie des banquiers était absolue, et elle semblait fondée sur des bases inébranlables.

Ces banquiers appartenaient à deux classes différentes, essentiellement distinctes l'une de l'autre, quoique combinant souvent leurs forces, suivant les circonstances.

En première ligne se trouvait la maison Rothschild, assez forte, par le crédit et les capitaux dont elle disposait, pour se passer de tout concours, mais assez prudente aussi pour admettre quelquefois des associés ou plutôt des auxiliaires dans le partage de ses opérations, afin d'éviter les concurrences dont elle pouvait être menacée.

Cette maison constituait à elle seule ce qu'on appelait la banque allemande ou israélite.

Il est inutile de retracer le développement de cette puissance financière, qui date de 1815, et dont l'importance a grandi par sa large participation aux emprunts que la France dut contracter pour le payement de sa rançon, après la chute du premier Empire, et pour la liquidation des dépenses occasionnées par ses longues luttes avec l'Angleterre.

Sans manquer à aucune des règles de courtoisie envers les représentants actuels de cette grande maison, il nous

semble permis, pour juger un passé déjà lointain, de revendi-
quer les prérogatives de l'histoire, en constatant le pouvoir
discrétionnaire dont les circonstances avaient investi cette
maison, dégagée de toute responsabilité et libre d'user,
suivant ses convenances, de la situation qu'elle avait
conquise.

No relevant que d'elle-même, ne prenant conseil que de ses
intérêts, rien n'était en dehors de son action; tout paraissait,
en effet, devoir rentrer dans son domaine exclusif: emprunts,
crédit public et privé, travaux de l'industrie, rien ne pouvait
se faire sans elle; à tort ou à raison, sa puissance était redoutée, et nul n'aurait osé braver son hostilité.

En seconde ligne venait la banque genevoise ou protestante.

Elle était représentée par les honorables maisons Hottin-
guer, Mallet frères, André et Cottier, Blanc Colin, Hentsch,
Gabriel Odier, Bartholony, Vernes et Dassier.

Les représentants de ces maisons avaient été précédés dans
la carrière par Necker, banquier illustre, qui a porté dans
l'administration de nos finances le flambeau de la vérité et
les a soumises au contrôle de la publicité (1).

_____

(1) Il n'est pas inutile de rappeler ici que ce ministre fut aidé, dans ses
projets, par un savant modeste dont les calculs sur les emprunts par annuités,
lots et primes ont précédé de trois quarts de siècle ceux qui ont servi de base
à toutes les applications modernes.

Nous voulons parler de Jacob-Rodrigues Pereire, grand-père de MM. Pereire, que la découverte de l'enseignement de la méthode des sourds-muets par
la parole a rendu célèbre.

Philologue, ingénieur et mathématicien de premier ordre, membre correspondant de l'Académie des Sciences de Londres, ce savant, dont Buffon a fait
l'éloge, était établi à Paris depuis l'année 1747; lié avec toutes les illustrations
de son temps, il jouissait d'une telle considération, qu'il représentait auprès de
la cour de Louis XV toute la nation juive et qu'aucun de ses coreligionnaires
ne pouvait résider à Paris sans une autorisation de sa part, sans un permis
de séjour délivré par lui.

Nous ne nous arrêterons pas à rechercher les causes de l'influence prépondérante exercée depuis près d'un siècle par es juifs et par les protestants.

Doit-on y voir les effets de leurs croyances ou de leurs instincts sur la légitime réhabilitation de la matière, sur l'habitude de considérer l'industrie comme devant amener les populations par le bien-être à la pratique de la morale, à la culture de l'esprit, au développement général de l'intelligence?

Une pareille recherche serait en dehors de notre sujet.

Bornons-nous à constater que la proscription des juifs d'Espagne, comme celle des protestants de France par la révocation de l'édit de Nantes, ont été pour les deux pays le signal d'une décadence dont ils ont eu de la peine à se relever; tandis que les États qui, mieux inspirés, ont accueilli ces hôtes intelligents et laborieux, ont vu plus rapidement s'étendre leur commerce et leur industrie, s'améliorer leurs finances et s'accroître leur prospérité.

En fait, les finances de l'État, les affaires de l'industrie étaient privées de toute direction; elles ne se ressentaient que trop des caprices d'un banquier omnipotent et des résistances que soulevait cette omnipotence, comme des luttes et des concurrences fâcheuses qu'elle engendrait parmi ses rivaux.

C'est dans ces circonstances que le Crédit mobilier fut constitué.

Le moment n'est pas venu de juger cette grande institution qui rencontra tant d'obstacles à sa naissance, et se trouva presque immédiatement paralysée dans ses moyens de crédit, tant par la jalousie dont elle fut l'objet et par les abus de la spéculation, que par l'arbitraire et les faiblesses du pouvoir (1).

C'est ainsi que le Crédit mobilier fut dès l'origine détourné de son but principal, qui était celui de la commandite générale du travail.

Il n'en a pas moins jeté un éclat dont le souvenir n'est pas effacé; il a créé de nombreuses entreprises d'utilité pu-

(1) Les faits suivants paraîtront de nature à justifier pleinement les assertions contenues dans ce paragraphe :

Dans le cours de l'année 1855, le Crédit Mobilier était parvenu au faîte de sa prospérité. Il avait brisé l'omnipotence des banquiers et donné une forte impulsion à l'industrie; il avait émis les premiers emprunts du Crédit Foncier de France et réalisé en France et en Autriche les entreprises de chemins de fer les plus considérables; il avait opéré la fusion des Compagnies d'omnibus de la capitale, celle des Compagnies parisiennes du Gaz, et obtenu le renouvellement de la concession de l'éclairage de Paris à des conditions aussi favorables à la Ville qu'aux actionnaires et aux consommateurs. — Bien avant que cet exercice fût expiré, ses bénéfices s'élevaient à la somme énorme de *28 millions* avec le capital relativement faible de 60 millions.

A ce moment, M. Isaac Péreire était appelé par le gouvernement autrichien à Vienne, pour y conclure des affaires de la plus haute importance, telles que celles de la concession du chemin de Vienne à Trieste et des chemins Lombards, d'un Crédit Mobilier Autrichien, et les traités relatifs à ces affaires avaient reçu la signature du principal ministre de l'Empire, ainsi que celle de M. Isaac Péreire.

Des pourparlers avaient été également engagés avec M. Péreire pour l'institution d'un Crédit Foncier Autrichien et pour la fondation d'une Société Immobilière, ayant pour objet principal l'agrandissement de la ville de Vienne par la démolition des fortifications, ce qui s'est réalisé plus tard.

Mais avant d'entreprendre ces grandes négociations, le Crédit Mobilier, comprenant la nécessité d'augmenter ses ressources, avait voulu commencer à user de la faculté que lui accordaient ses statuts d'émettre des obligations jusqu'à concurrence de dix fois le montant de son capital (disposition analogue à celle insérée dans les statuts du Crédit Foncier).

Il en avait émis pour une somme de 83 millions, dont la souscription avait été immédiatement couverte.

Malheureusement d'une part l'alarme était grande parmi les rivaux du Crédit Mobilier, et, d'autre part, la spéculation enflammée par de tels succès avait porté au delà de 2,000 fr. les actions de cette Société.

Dans ces circonstances, des intrigues se nouèrent et les instances les plus vives furent adressées au pouvoir pour exciter sa jalousie à l'égard d'une Société dont la puissance prenait de si grandes proportions.

Ces intrigues et ces instances furent telles, que le Gouvernement, cédant à ces réclamations intéressées et passionnées, crut devoir, en violation des statuts

blique, donné naissance à de grandes institutions de crédit et encouragé l'essor des travaux publics tant en France que dans les principaux États de l'Europe.

Il a surtout affranchi le travail, comme les gouvernements, de la royauté tyrannique du capital.

Mêlé à ce grand mouvement industriel de 1852, il a spécialement procuré avec libéralité, à la plupart des Compagnies de chemins de fer, les ressources nécessaires à l'accomplissement de leurs travaux; il a encore puissamment aidé aux fusions qui se sont accomplies et qui ont permis de concentrer dans ces agglomérations qui forment ce qu'on appelle aujourd'hui les grands réseaux, les forces éparses de la nation.

Ces réseaux prennent leur origine dans le classement des lignes principales préparé, en 1842, par M. Legrand, alors directeur des travaux publics.

Le rôle du Crédit mobilier, dans le cours de cette période, qui date de 1852, a été considérable et prépondérant; on peut même dire qu'il a autant contribué au mouvement de cette

de cette Société, approuvés par le Conseil d'État et autorisés par décret impérial, intimer l'ordre aux administrateurs de ne donner aucune suite à la souscription de ses obligations et de ne pas en délivrer les titres.

L'arbitraire fut même poussé à ce point, qu'il fut interdit à la Société d'émettre à l'avenir aucun emprunt sans l'autorisation préalable du Gouvernement.

Prévenu à Vienne de cette décision aussi grave qu'imprévue et dont on couvrait l'illégalité en la qualifiant *d'acte de prince*, M. Isaac Pereire en donna immédiatement connaissance au Gouvernement autrichien, et par suite de cette communication, la signature impériale des actes qui avaient été préparés se trouva suspendue.

A peine M. Isaac Pereire avait-il quitté Vienne, que ses concurrents, exploitant cet échec, mirent tout en œuvre pour se faire attribuer les concessions qu'il avait obtenues; c'est ainsi que finalement MM. de Rothschild et Talabot obtinrent la concession des chemins Lombards, que MM. de Rothschild, de Haber et quelques membres de l'aristocratie autrichienne, obtinrent celle du Crédit Mobilier Autrichien.

époque par l'émulation qu'il a excitée chez ses rivaux que par les travaux qui ont été accomplis sous son patronage.

Sur les six grandes lignes qui avaient été classées en 1842, il n'y en avait encore que cinq qui fussent concédées, exécutées ou en voie de formation, à l'état de souches ou de troncs principaux. Ces lignes, qui constituaient autant de points d'attente, étaient : celle du Nord se dirigeant vers la Belgique et les principaux ports de la Manche, — celles de Lyon et de la Méditerranée, — celle du Rhin, par Strasbourg, — celle de l'Ouest à laquelle les chemins de Saint-Germain et de Versailles devaient servir de tête, — celle d'Orléans et Bordeaux.

Les chemins de Bordeaux à Cette par Toulouse et du même point de départ à Bayonne et à la frontière d'Espagne ne furent concédés que dans les derniers mois de 1852 ; cette concession eut lieu en faveur de MM. Pereire ; ils appelèrent à y participer des amis et compatriotes dont la précieuse collaboration a servi puissamment à la prospérité de l'entreprise.

D'autres associés leur furent imposés, mais ceux-ci ne firent que traverser la période d'organisation, se bornant à profiter de bénéfices facilement recueillis dans la distribution des actions.

Dans les nombreuses créations de travaux publics, auxquelles le nom de MM. Pereire se trouva si activement mêlé, on a pu reconnaître qu'ils avaient été mus surtout par une pensée d'utilité générale, par un sentiment d'amélioration et de progrès ; mais ils avaient toujours nourri le désir de se rapprocher, par leurs travaux, du pays qui fut leur berceau, de redonner à leur ville natale, à Bordeaux, la splendeur dont elle avait joui avant la perte de Saint-Domingue, la perle des Antilles, qui fut longtemps notre principale colonie.

La concession du chemin d'Orléans à Bordeaux, dont MM. Pereire avaient préparé les éléments, leur avait échappé par suite du système d'adjudication qui avait prévalu dans les Chambres sous la monarchie de Juillet, et de la soumission téméraire pour une durée de vingt-deux ans, dont cette ligne avait été l'objet.

Ils allaient retrouver l'occasion recherchée dans l'exécution des lignes de Bordeaux à Cette et de Bordeaux à Bayonne.

Il y avait aussi certainement, dans le sentiment qui les poussait à s'occuper du chemin qui devait réaliser la jonction des deux mers, la secrète et noble ambition de continuer, de compléter l'œuvre de Riquet.

Ils n'ont pas failli à la mission qu'ils s'étaient donnée : c'est à M. Émile Pereire, resté jusqu'à sa mort le chef de cette entreprise vraiment nationale, c'est à son infatigable persévérance, à son indomptable énergie triomphant de tous les obstacles, que l'on doit l'accomplissement de ce grand dessein poursuivi, depuis Louis XIV et Vauban, par tous les gouvernements qui se sont succédé en France (1).

MM. Pereire ont entrepris et mené à bonne fin une autre œuvre de haute importance nationale : la prolongation de notre voie ferrée jusqu'au centre de l'Espagne.

Aujourd'hui, d'une part, les deux mers sont doublement réunies par des canaux et des chemins de fer, et déjà, en peu d'années, sous une administration libérale, ces deux grandes

---

(1) M. Émile Pereire est mort le 6 janvier 1875 ; il était par conséquent resté plus de vingt-deux ans président du chemin du Midi.

voies de communication ont vivifié, transformé le pays qu'elles traversent; d'autre part, la France se trouve non seulement reliée à l'Espagne par le chemin de Bordeaux à Bayonne et Irun, mais les deux pays n'en font plus qu'un, par suite de l'exécution du chemin du Nord, d'Irun à Madrid.

Ils ont fait plus encore peut-être au point de vue spécial du pays, en le dotant pour ainsi dire d'un nouveau département, celui des Landes, en répandant la vie et la fécondité dans ces régions jusque-là déshéritées et aujourd'hui cultivées, prospères et sillonnées par d. nombreuses routes. Ainsi s'est réalisée la pensée que M. Arago traitait de rêve, en raillant les hommes qui croyaient *que deux tringles de fer parallèles pouvaient donner une face nouvelle aux Landes de Gascogne.* Des centres d'activité considérables se sont formés autour de chaque station, et l'on a vu s'élever, comme par enchantement, sur des plages jusque-là stériles, la ville d'Arcachon, avec ses maisons de plaisance, ses riants jardins, ses routes et ses promenades conquises sur un sable mouvant, cité originale et pittoresque qui est devenue la résidence d'été comme d'hiver de nombreux étrangers.

Le mérite et l'initiative de ces créations reviennent tout entiers à M. Émile Pereire.

Pour faire apprécier par des chiffres le succès des travaux que nous venons de retracer, il suffira de dire que les produits du chemin de Bordeaux à Cette, évalués par l'État à 9 millions de francs, dépassent aujourd'hui 42 millions, et que ceux du chemin de Bayonne ont presque décuplé.

Les travaux du chemin de Bordeaux à Cette étaient terminés en 1857.

C'est le 22 avril 1857 que fut inaugurée la ligne du chemin

de Bordeaux à Cette, formant ainsi, avec le canal du Midi et le canal latéral à la Garonne, une double jonction entre l'Océan et la Méditerranée.

Toulouse avait été choisie pour cette inauguration, et cette ville allait ouvrir les portes de son Capitole à de nombreux hôtes accourus de tous les départements du Midi, ainsi qu'aux principaux représentants de la société et de la presse parisiennes.

Deux trains, présidés chacun par MM. Émile et Isaac Pereire, devaient partir, l'un de Bordeaux, l'autre de Cette, pour amener à Toulouse les personnes invitées à cette grande fête qui devait marquer le réveil de ces populations ardentes du Midi, qui avaient eu tant à souffrir des luttes religieuses, la renaissance de ces belles contrées qui s'ignoraient elles-mêmes et dont les richesses agricoles et minérales n'attendaient, pour se développer, que l'ouverture des nouvelles communications.

Les deux trains arrivèrent à Toulouse à l'heure fixée, et les deux frères, descendant des locomotives de chaque train sur lesquelles ils s'étaient placés pour mieux surveiller leur marche, par une inspiration spontanée, se jetèrent dans les bras l'un de l'autre, aux yeux d'une foule émue, heureux d'avoir accompli l'œuvre qui avait été placée sous leur direction et à l'achèvement de laquelle ils avaient attaché l'honneur de leur vie.

Ils symbolisaient ainsi l'union des deux mers, comme l'ont dit les journaux du temps.

Il ne fut pas moins mémorable le jour où les fils des proscrits de l'Inquisition, émancipés par la Révolution de 89, devenus Français par la naissance et par le cœur, inauguraient, quelques années plus tard, la grande ligne d'Irun à Madrid créée par eux, et devant un descendant de Louis XIV, le roi don François d'Assise, en face du trône et de l'autel élevés à Saint-Sébastien pour cette grande cérémonie internationale, pouvaient dire plus justement que le grand roi, qu'il n'y avait vraiment plus de Pyrénées.

III

Ce n'est pas seulement une impulsion extraordinaire donnée aux voies ferrées, un immense déploiement d'activité qui distingue le mouvement économique de la période dont nous retraçons l'histoire ; c'est surtout une pensée élevée, un plan général qui tend à se réaliser par la formation de six grands réseaux embrassant toute l'étendue du territoire.

Au milieu de l'essor simultané des entreprises les plus diverses, une idée surgit : celle du groupement et de la coordination de tronçons épars qui, livrés à eux-mêmes, seraient restés pour la plupart sans force et sans vie, et n'auraient servi que d'instruments à d'aveugles concurrences.

Le fractionnement et la multiplicité des concessions avaient d'abord paru nécessaires pour stimuler l'esprit d'entreprise et pour assurer l'achèvement du réseau national. On avait cru que toute association nouvelle apporterait un surcroît de force, un moyen d'action nouveau ; on avait multiplié les Compagnies, comme si le réservoir général des capitaux auquel elles sont obligées de puiser, devait augmenter avec le nombre des concessions. On vit bientôt, au contraire, que la division excessive des Compagnies, multipliant les demandes de capitaux, était une cause de faiblesse. On ne tarda pas à reconnaître que l'isolement est un péril, et que cette multitude de petits groupes de corps débiles disséminés çà et là, sans cohésion et sans lien, ne pouvait remplir l'attente du pays et répondre à ses besoins.

On songea donc à opérer des soudures, des rapprochements et des fusions, à concentrer dans les mêmes mains les lignes d'une même zone et à constituer sur des bases définitives les grands réseaux qui vivifient aujourd'hui le pays tout entier.

C'est dans la période de 1852 à 1858 que s'est accompli ce travail de concentration.

Au commencement de 1852, vingt-huit Compagnies se partageaient les parties concédées du réseau national.

Les principales étaient, pour la région du nord, la Compagnie du Nord et celle d'Amiens à Boulogne — dans l'ouest : les chemins de Saint-Germain et de Versailles, rive droite et rive gauche; ceux de Paris à Rouen et de Rouen au Havre — dans l'est : les Compagnies de Paris à Strasbourg, de Mulhouse à Thann, de Strasbourg à Bâle — dans la région du sud-ouest et du centre : les Compagnies de Paris à Orléans, d'Orléans à Bordeaux, de Tours à Nantes et celle des chemins du Centre — dans la région du sud-est : les entreprises de Saint-Étienne à Lyon, d'Andrézieux à Roanne, d'Alais à Beaucaire, de Montpellier à Cette, d'Avignon à Marseille, de Lyon à Avignon, de Paris à Lyon — dans le midi : Bordeaux à La Teste seulement.

En 1852 et dans les années suivantes, de nouvelles Compagnies sont constituées. Une activité jusqu'alors inconnue se manifeste sur tous les points du territoire. Le chiffre des concessions nouvelles s'élève, en 1852, à 2,983 kilomètres ; il est, en 1853, de 1.806 kilomètres ; en 1854, année de la guerre de Crimée, il s'abaisse à 396 kilomètres ; il se relève en 1855 à 2,485 kilomètres, malgré la prolongation de cette guerre.

L'année 1856 ne compte aucune concession, ce temps d'arrêt étant nécessité par l'obligation dans laquelle on se trouvait d'acquitter les énormes emprunts émis en 1855 (1). Le montant de ces emprunts ne s'élevait pas, en effet, à moins de 1,290 millions, indépendamment de celui de 254 millions contracté en 1854.

Les guerres entreprises sous l'Empire avaient eu pour effet de retarder l'exécution des chemins de fer ; il en serait de même de l'œuvre poursuivie par M. de Freycinet, si l'on accueillait trop facilement sur nos marchés l'émission des emprunts étrangers ; mais aujourd'hui nous n'aurions plus l'excuse de l'honneur national à soutenir.

En 1857, 2,621 kilomètres sont concédés.

En 1858, le gouvernement eut la prudence de n'accorder aucune concession nouvelle ; c'était l'année dans laquelle, en vue de la guerre d'Italie qui se préparait, un traité secret était conclu avec Victor-Emmanuel, et où l'alliance de la famille de Napoléon avec la maison de Savoie était résolue.

A ces extensions correspond une large application du système des fusions. Tandis que les concessions se multiplient, on voit se former et s'agrandir les noyaux des agglomérations

(1) Cette nécessité était tellement impérieuse, que le gouvernement déclarait, dans une note insérée au *Moniteur* le 9 mars 1856, qu'il n'autoriserait l'émission d'aucune valeur nouvelle dans le cours de cette année.

Cette interdiction, qui se manifestait par le refus de la cote à de nouvelles valeurs, s'est même étendue au delà de l'année 1856.

futures. L'organisation, l'ordre et la règle tendent à prévaloir dans la structure et la composition des réseaux.

Dans les deux seules années 1852 et 1853, quinze Compagnies se fusionnent pour n'en plus former que quatre. La Compagnie d'Orléans absorbe les Compagnies : du Centre, d'Orléans à Bordeaux, de Tours à Nantes, posant ainsi les assises de son magnifique réseau. Les Compagnies de Lyon à Avignon, de Marseille à Avignon, de Montpellier à Cette, de Montpellier à Nîmes, de Marseille à Toulon, unissant leurs lignes éparses, constituent le Lyon-Méditerranée.

A la même époque, la Compagnie de Strasbourg, qui s'était formée dans les conditions les plus avantageuses, suivant la loi de 1842, se voyait menacée d'une concurrence qui lui eût été funeste par la construction d'une ligne projetée vers le haut Rhin sur Mulhouse et la Suisse; aussi se hâte-t-elle d'accepter elle-même la concession de cette ligne, et elle joint à son réseau le chemin de Blesme à Gray, et celui de Troyes à Montereau, qui la rattache au chemin de Lyon.

Ce réseau se complète, en 1854, par la fusion du chemin de Strasbourg à Bâle; en 1858, par celle du chemin de Mulhouse à Thann.

Le chemin du Nord fusionne, en 1852, avec la Compagnie d'Amiens à Boulogne, et, par la concession de Saint-Quentin à Erquelines, atteint en deux points la frontière de Belgique.

En 1855, les éléments fractionnés du groupe de l'Ouest, les lignes de Saint-Germain et de la première section du chemin de Ceinture sur Auteuil, les deux chemins de Versailles, ceux de Rouen, du Havre, de Dieppe, de Cherbourg, se rejoignent, se soudent les uns aux autres et forment un réseau qui reçoit, dans cette même année, un accroissement de 806 kilo-

mètres, se prolongeant jusque dans les parties les plus reculées de la Bretagne. En même temps, la Compagnie d'Orléans
s'avançait dans la partie méridionale de la presqu'île armori-
caine, rapprochant ses lignes de celles de la Compagnie de
l'Ouest, et étendant, concurremment avec celle-ci, ses ramifications dans des contrées jusqu'alors complètement déshéritées.

Un fait considérable, le partage du Grand-Central, vient en
aide à cette progression des grands réseaux et en précipite le
dénouement.

Constitué, en 1853, avec 374 kilomètres, le Grand-Central
avait absorbé presque aussitôt les chemins du Rhône et Loire
qui étaient en la possession du Crédit Mobilier. Il avait pris
place parmi les grandes Compagnies, en traitant, en 1855,
avec l'Orléans et le Paris-Lyon, pour l'exploitation, à frais
communs, d'un second chemin de fer de Paris à Lyon par le
Bourbonnais. Il s'était accru, pendant la même année, de
nombreuses concessions dans les départements de la Loire,
du Lot, du Cantal, de la Haute-Vienne, de la Dordogne, du
Lot-et-Garonne et de l'Aveyron.

L'idée pour laquelle s'était constitué le Grand-Central mé-
ritait la sollicitude des pouvoirs publics; mais la tâche qu'il
avait assumée, de sillonner par des voies ferrées les contrées
les plus accidentées et les moins populeuses de la France
centrale, n'était pas exempte de témérité. On le vit bientôt
ployer sous le fardeau; les capitaux, le crédit lui faisaient
défaut. Sa liquidation devenait inévitable.

Pour conjurer un désastre qui aurait privé une vaste région
de lignes impatiemment attendues, divers systèmes furent
proposés. Aux projets de rétrocession et de partage du Grand-

Central qui lui étaient soumis, le gouvernement aurait préféré une combinaison consistant à créer entre le réseau d'Orléans d'une part, et celui de Paris à Lyon de l'autre, un troisième réseau ayant son point de départ à Paris et se dirigeant vers la Méditerranée et les lignes du Midi; il ouvrit à cet effet des négociations avec MM. Pereire, qui travaillaient alors à l'exécution des chemins du Midi, et sollicitaient l'adjonction à leurs lignes du réseau pyrénéen. La nouvelle Compagnie aurait embrassé la plus grande partie du Bourbonnais, les lignes du Grand-Central, celles du Midi et le réseau pyrénéen.

Cette combinaison, on l'a dit à cette époque, était grande et belle; elle pouvait satisfaire l'ambition la plus vaste; le réseau projeté eût été le plus important de la France, et les moyens de réalisation n'eussent pas manqué. La constitution d'un réseau qui comprenait une étendue de 3,000 kilomètres et demandait un capital d'un milliard en partie réalisé, devait procurer, dans le présent, des bénéfices considérables à ceux qui en auraient été chargés; et comme un délai de dix ans était donné pour sa réalisation, ce n'est qu'au bout de ce délai que l'on aurait pu constater si la combinaison était bonne ou mauvaise au point de vue financier; mais la traversée des contrées montagneuses, peu peuplées, peu industrieuses du centre de la France, présentait des risques sérieux et l'avenir semblait peu assuré. MM. Pereire aimèrent mieux s'abstenir que laisser après eux des doutes sur la réussite des projets qu'ils auraient recommandés à la confiance publique (1).

Ils répugnaient d'ailleurs à l'idée de la concurrence ardente

(1) Voir le rapport de la Compagnie du Midi, du 24 juin 1857.

qu'auraient ou à se livrer trois réseaux presque parallèles ayant leur entrée à Paris.

On dut alors en revenir à la combinaison du démembrement du réseau du Grand-Central et de son partage entre les Compagnies voisines d'Orléans et de la Méditerranée.

Ce partage eut lieu le 11 avril 1857. A la même date s'accomplissait la fusion des chemins de Paris à Lyon et de Lyon à la Méditerranée, qui était, comme nous l'avons déjà vu, la réalisation du projet primitivement conçu par M. Isaac Pereire.

Quant à la Compagnie du Midi, son domaine se trouva agrandi par l'adjonction du réseau pyrénéen.

Le partage du Grand-Central fut l'occasion de nouvelles conventions de l'État avec les Compagnies. L'État obtenait d'elles un effort considérable; il put mettre en effet à leur compte de nombreux chemins de fer qu'elles n'avaient ambitionnés qu'en partie. 2,586 kilomètres furent concédés, dans la seule année 1857, sans subvention ni garantie d'intérêts, et sans l'intervention d'aucune nouvelle Compagnie. Des entreprises isolées n'auraient pu accepter un tel fardeau et servir dans cette mesure l'intérêt général.

En même temps, les cahiers des charges furent remaniés et de nouvelles obligations imposées aux Compagnies pour les services publics.

Par suite des dernières conventions, le territoire de la France se trouvait réparti entre six grandes Compagnies : celles du Nord — d'Orléans — de Paris à Lyon et à la Méditerranée — de l'Est — de l'Ouest et du Midi. Il ne restait en dehors que quelques lignes : celles des Ardennes, du Dauphiné, de Genève, qui devaient bientôt se trouver absorbées elles-mêmes dans les réseaux auxquels elles se rattachaient.

Dans la formation des diverses Compagnies comme dans leur concentration en six grandes divisions, le Crédit mobilier avait joué un rôle prépondérant, soit par voie d'obtention au profit des Compagnies des concessions les plus importantes, comme, par exemple, de celle de Mulhouse au profit de la Compagnie de Strasbourg, soit par l'émission d'actions ou la souscription des emprunts de la plupart des Compagnies, soit par l'achat ou la cession de lignes déjà existantes, soit enfin en facilitant les fusions reconnues nécessaires.

Les services que le Crédit mobilier a rendus ainsi durant cette période sont incontestables et devraient suffire à lui assurer la reconnaissance du pays.

On peut mesurer par les faits suivants la grandeur des résultats qui avaient été obtenus.

A la fin de 1851, la somme totale dépensée pour la construction de nos chemins de fer par l'État et par les Compagnies était de 1,463,719,960 francs, dont 579,484,564 francs par l'État et 883,520,396 francs par les Compagnies.

De 1852 à 1858, il fut dépensé 2,700 millions de francs, dont 200 millions seulement à la charge de l'État.

Telle fut alors l'œuvre réalisée.

On peut la juger maintenant par ses conséquences positives. Un système de fractionnement et de division n'aurait pu procurer à la nation d'aussi durables bienfaits; le système de concentration des lignes qui a prévalu a produit des résultats inespérés. Avec le premier de ces systèmes, en effet, tout est partiel et incomplet; avec le second, tout est plein et achevé; c'est la différence des villes mal percées ou mal conçues, où l'irréflexion et le caprice individuel multiplient les impasses, les détours, les voies étroites ou inutiles, et des cités bien administrées où une idée générale, une conception élevée distribue le mouvement et la vie, et règle la circulation par un vaste réseau de voies et d'avenues, image de l'ordre et de la prévoyance.

Ce que produit, en matière de chemins de fer, la concurrence sans frein et sans limites, des crises funestes l'ont montré dans d'autres pays. Il a fallu de longues années pour effacer les traces du désordre jeté, en Angleterre, dans la création des chemins de fer. Aux États-Unis, d'incalculables désastres ont été le résultat de la rivalité téméraire des Compagnies, de la concurrence désespérée qu'elles se sont faite pour s'emparer d'un trafic qui ne suffisait plus à les alimenter toutes.

Quarante-sept Compagnies déchues, en 1877; leurs lignes mises en vente; seize autres Compagnies mises sous séquestre; plusieurs milliards engloutis dans ces désastres; des grèves formidables, conséquence de la réduction forcée des salaires des employés et des ouvriers de chemins de fer; la circulation arrêtée, la destruction des locomotives, l'incendie des ateliers, des collisions sanglantes dans plusieurs villes, et, ce qui est plus grave, l'effondrement de l'autorité en présence de l'émeute, tels sont les spectacles qui nous ont été offerts, tels ont été les effets des concurrences désordonnées.

On avait pensé d'abord qu'elles profiteraient au commerce et à l'industrie par l'abaissement des tarifs et des prix de transport. Cette illusion s'est bientôt dissipée. Épuisées par la lutte, les Compagnies concurrentes, sous le coup d'une impérieuse nécessité, ont dû s'entendre, constituer des syndicats, et les premiers articles de ce pacte d'union dirigé contre le public ont eu pour effets la diminution du nombre des trains, la réduction de la vitesse, le relèvement et l'exagération de tous les tarifs. Le même fait s'est produit, à un moindre degré, il est vrai, dans d'autres pays, notamment en Autriche et en Hongrie ; et c'est ainsi que par une loi fatale l'on a vu les excès de la concurrence tourner au préjudice de ceux qui croyaient en tirer profit et bénéficier des pertes que devaient en éprouver les Compagnies.

La France n'a pas connu ces excès. Par la nature même de son génie, elle a penché vers les idées d'organisation ; elle a cherché à établir une certaine unité dans le régime des chemins de fer et à coordonner, pour les rendre durables, tous les progrès accomplis. Préoccupée de constituer fortement chacun des réseaux, peut-être a-t-elle quelquefois dépassé la mesure, en les tenant trop isolés les uns des autres, tandis qu'ils auraient dû se pénétrer par des soudures plus nombreuses, par d'intimes et constantes communications.

Ce qu'il faut reconnaître, néanmoins, et ce que l'expérience a démontré, c'est que la constitution des grands réseaux a préservé l'industrie des chemins de fer de ruines inévitables ; c'est sous ce régime qu'elle a vaincu parmi nous, en quelques années, d'immenses difficultés.

En même temps que ces grands travaux s'accomplissaient dans l'intérieur du pays, le besoin d'expansion, qui est inhérent aussi au génie de la France, avait poussé notre industrie à étendre au delà de ses frontières l'action et le rayonnement des voies ferrées. C'est ainsi qu'elle a concouru à la création de lignes qu'on peut nommer à bon droit des lignes européennes.

La construction des chemins de fer étrangers, qui ont contribué si puissamment à l'extension des relations commerciales et industrielles de tous les peuples, a été non seulement une œuvre éminemment utile et civilisatrice, mais encore elle a servi efficacement la politique de la France, et elle n'a pas été étrangère à l'accroissement de la grande influence que la France, à cette époque, a exercée dans les relations extérieures.

L'honneur en revient en grande partie aux principaux directeurs du Crédit Mobilier, secondés par ces hommes sortis des Écoles polytechnique, des mines et des ponts et chaussées, des Écoles centrale et des arts et métiers, par ces ingénieurs et ces chefs de travaux qui sont allés réaliser dans toute l'Europe les entreprises les plus considérables qui eussent été encore tentées, porter ainsi partout la bonne nouvelle et les bienfaits du développement du travail.

I. milliers de kilomètres qui ont été ouverts à la circulation ont multiplié les échanges, amené sur nos marchés les blés de l'Espagne, de la Hongrie, de la Russie, augmenté dans tous les pays le bien-être des classes les plus nombreuses, et rendu impossibles les disettes, les famines, tous les fléaux de l'isolement et du défaut de communication.

Des intérêts de l'ordre le plus élevé se mêlaient à ces vastes entreprises. Les chemins de fer du midi de la France et du nord de l'Espagne, en abaissant les Pyrénées, ont resserré par des liens indissolubles l'estime et l'amitié réciproques de deux grands peuples.

C'est en 1854, au moment le plus sombre de la guerre de Crimée, quand l'Autriche occupait les Principautés, que notre industrie et nos capitaux lui sont venus en aide par la fondation de la Société des Chemins autrichiens destinés à relier entre elles et à vivifier les différentes provinces de cette vaste monarchie. Cette intervention, alors si conforme aux vues et aux intérêts de la France, a été le point de départ d'une ère nouvelle pour le développement des travaux publics de l'Autriche, pour la restauration de ses finances et la féconda-tion de son sol.

Quelques années plus tard, la constitution des Chemins de fer russes a été la consécration de la paix. On a vu alors nos ingénieurs prendre la place des généraux, porter en Russie non la guerre mais la civilisation, effaçant ainsi les discordes du passé, et ouvrant à toute l'Europe les frontières jusqu'alors fermées de cet immense empire. Un souffle de grandeur anime l'ukase du 31 janvier 1857, dans lequel l'empereur, concédant un réseau de plus de 4,000 kilomètres, décide qu'il s'étendra de Saint-Pétersbourg à Varsovie, de Moscou à Nijni-Novgorod, de Moscou à Théodosie, et de Kursk ou d'Orel à Liebau, pour réunir les trois capitales de l'empire, ses principaux gouvernements, ses grandes voies fluviales et les deux mers qui baignent ses deux extrémités, la Bal-tique et la mer Noire.

On a pu, en d'autres temps, célébrer les guerres et les conquêtes de la France, *gesta Dei per Francos*. Les œuvres accomplies par l'industrie française, pendant les années que nous venons de parcourir, mériteront aussi, nous ne craignons pas de le dire, cette glorieuse qualification et la reconnais-sance de la postérité.

FORMATION DU SECOND RÉSEAU

(1859 à 1865)

En abordant une nouvelle période de l'histoire des chemins de fer, celle de 1859 à 1865, reportons un instant notre pensée sur les faits accomplis dans les dix années précédentes, afin de préciser la situation et de marquer les causes des changements qui vont se produire. Les accroissements prodigieux du réseau national que ces années ont vu se réaliser avaient dû modifier gravement la position financière des Compagnies. Un effort aussi puissant devait être suivi de quelque lassitude.

En quelques années, le faisceau de nos voies ferrées avait pris un corps immense. Tandis que, de 1830 à 1852, il avait atteint à peine 3,910 kilomètres concédés, de 1852 à 1859, il s'était étendu de plus de 16,000 kilomètres : semblable à l'arbre géant de la Californie, qui, durant les dix premières années de sa croissance, atteint à peine deux mètres, et qui ensuite, par jets rapides, s'élance vers le ciel, croissant de trois mètres par année et s'élevant à des hauteurs prodigieuses.

Déjà, en 1857, l'extension trop rapide du réseau dans les contrées les moins populeuses du centre de la France avait amené la chute du Grand-Central. La liquidation de cette entreprise prématurée devait peser lourdement sur les Compagnies appelées à prendre cette succession. Il y avait là pour l'avenir une source d'embarras et de graves difficultés.

La Compagnie du Midi en avait eu le sentiment : elle refusa d'accepter l'héritage qui lui était offert, et préféra se renfermer dans sa sphère d'action, concentrant tous ses efforts sur la construction du réseau pyrénéen.

Plus ambitieuses, plus avides de s'étendre, les deux Compagnies de la Méditerranée et d'Orléans, en acceptant le partage du Grand-Central, s'étaient chargées d'une masse énorme de travaux dont les dépenses devaient s'accumuler dans un court espace de temps. Il n'avait pas suffi à la Compagnie d'Orléans de s'agrandir en un instant de 1,058 kilomètres empruntés au Grand-Central, et d'y ajouter de nombreux embranchements ; elle avait encore demandé le réseau pyrénéen, comme pour annuler la Compagnie du Midi, en lui fermant tout accès sur les Pyrénées, toute communication avec l'Espagne.

L'instinct pratique, on le reconnut bientôt, avait manqué aux négociations et aux conventions de 1857. On ne s'était pas suffisamment préoccupé de la situation financière du pays et de l'effet que pouvait avoir sur les capitalistes une crise préparée par plusieurs mauvaises récoltes consécutives. On dut reconnaître que, enfermées dans de trop courts délais, murées pour l'achèvement des travaux dans des limites trop étroites, les Compagnies n'auraient pas le temps de réunir les ressources correspondant à leurs engagements. Les Compagnies de la Méditerranée et d'Orléans devaient être les premières à s'en apercevoir, et elles se virent dans la nécessité de solliciter une nouvelle intervention du gouvernement.

Telle fut l'origine des conventions de 1859 et du système du second réseau.

Inventé pour les Compagnies de la Méditerranée et d'Orléans, ce système, qui apportait les plus importantes modifications dans le régime des chemins de fer, devait se généraliser et s'étendre à toutes les Compagnies. C'était une pensée économique toute nouvelle qui prévalait. La Compagnie d'Orléans a établi elle-même ce parallèle entre les traités de 1857 et ceux de 1859. « La convention de 1857, c'était l'État traçant, du haut de sa puissance souveraine, la circonscription des territoires où devrait s'exercer l'activité de chaque Compagnie, mais à peu près désintéressé dans les conséquences de leur développement. La convention de 1859, c'est l'État acceptant la solidarité des Compagnies, se faisant leur associé, en présence de l'avenir inconnu qu'il s'agit d'aborder (1). »

Le régime de 1859 repose sur une distinction entre l'ancien et le nouveau réseau, c'est-à-dire entre les lignes principales existant avant 1857 et les lignes secondaires concédées avant et depuis cette époque.

A l'ancien réseau était attribué et reconnu un certain revenu kilométrique, de manière à assurer aux actions de chaque Compagnie un minimum de dividendes; et le nouveau réseau devait jouir, pendant cinquante ans, à partir du 1er janvier 1865,

(1) Orléans, Assemblée générale du 26 avril 1860.

d'une garantie d'intérêt, sur le pied de 4 fr. 65 pour 100 (amortissement compris) (1).

Cette garantie d'intérêt, qui devenait effective dans le cas d'une insuffisance des produits nets, ne constituait qu'une avance à rembourser à l'État par les Compagnies, dès que ces produits dépasseraient l'intérêt garanti et les dividendes stipulés.

Au fur et à mesure de l'avancement de la construction du second réseau, dont l'exploitation devait apporter un accroissement de trafic aux lignes primitives, toute la portion du revenu de l'ancien réseau excédant le chiffre kilométrique déterminé pour chaque Compagnie, est attribué, comme supplément de recette, au nouveau réseau, pour couvrir jusqu'à concurrence l'intérêt garanti par l'État (2).

C'est ce que l'on a appelé le *déversoir*. A ce point de vue, on peut, en effet, comparer les grandes voies primitives à ces fleuves qui coulent à pleins bords et qui déversent le trop plein de leurs eaux dans les canaux inférieurs; ils ne font ainsi que rendre à l'agriculture ce qu'ils ont eux-mêmes reçu de leurs affluents.

---

(1) Le capital sur lequel porte la garantie d'intérêt est de 814 millions pour le Lyon-Méditerranée, de 601 millions pour l'Orléans, de 139,590,009 fr. pour le Nord, de 505 millions pour l'Est, de 307 millions pour l'Ouest, de 149 millions pour le Midi.

(2) Le revenu réservé kilométrique a été, après diverses modifications, fixé ainsi qu'il suit : 29,100 fr. pour l'Est; 28,010 fr. pour le Midi; 29,900 fr. pour le Lyon-Méditerranée; 35,000 fr. pour l'Ouest; 26,000 fr. pour l'Orléans; 38,240 fr. pour le Nord.

Ce revenu correspond, avec quelques bénéfices d'intérêt sur la négociation des obligations, à des dividendes de 38 fr. pour l'Est; 35 fr. pour le Midi; 47 fr. pour le Lyon-Méditerranée; 35 fr. pour l'Ouest; 51 fr. 80 pour l'Orléans et 50 fr. pour le Nord.

Enfin, en compensation des avantages qui leur étaient accordés, les Compagnies consentaient à partager avec l'État, à partir de 1872, la portion de revenu qui excéderait un chiffre déterminé.

D'après ces stipulations, les avances du gouvernement pour la garantie d'intérêt promise par le Trésor ne sont véritablement qu'un prêt garanti par l'accroissement de trafic que les nouvelles lignes doivent procurer aux anciennes.

Pour compléter cet exposé, nous devons ajouter que la durée de toutes les concessions, tant anciennes que nouvelles, fut portée, en 1859, uniformément à 99 ans (1).

Tel est, dans son ensemble, le système de 1859. Bien qu'il se distingue par des différences essentielles du système suivi de 1852 à 1857, il se rattache à la même conception, il est né de la même pensée : la coordination des efforts des Compagnies avec l'appui effectif du gouvernement ; la concentration dans leurs mains des ressources nécessaires pour l'achèvement de toutes les lignes secondaires.

Livrées à elles-mêmes, sans l'aide des anciens réseaux, ces lignes auraient péri dans l'isolement, comme des branches détachées de l'arbre qui doit les nourrir. Reliées, au contraire, au tronc principal, elles lui ont emprunté la sève et la vie, en lui fournissant son complément indispensable.

En critiquant, comme on l'a fait, sous divers rapports, les conventions de 1859, on a perdu de vue l'enchaînement irrésistible des faits. Quelle que fût leur valeur théorique, ces

---

(1) Le point de départ des concessions dont la durée reste fixée à 99 ans est réglé ainsi qu'il suit pour chaque Compagnie : Nord, 1er janvier 1852 ; Est, 27 novembre 1855 ; Ouest, 1er janvier 1857 ; Orléans, 1er janvier 1858 ; Lyon, 1er janvier 1860 ; Midi, 1er janvier 1862.

conventions étaient exactement appropriées à la situation née du partage du Grand-Central; elles répondaient aux besoins de l'époque. Elles ont permis l'achèvement de lignes qui étaient une promesse de la loi, une dette du gouvernement envers de nombreuses populations.

On était alors en pleine crise, au milieu des incertitudes de la guerre d'Italie. La nécessité de venir en aide aux chemins de fer était d'autant plus vivement sentie que, à ce moment, ils rendaient à l'État d'inappréciables services. Contrairement aux prévisions de M. Thiers, prétendant, en 1838 et en 1840, que les chemins de fer étaient d'un usage essentiellement restreint et impropre en particulier au service des marchandises ; contrairement à l'opinion même de M. Arago, qui tournait en dérision les conséquences attribuées aux chemins de fer au point de vue militaire, on put mesurer, en 1859, le secours puissant qu'ils apportaient aux opérations de guerre. Grâce à ces nouvelles voies, on put jeter en quelques jours une armée de plus de cent mille hommes, avec tout son matériel, au delà des Alpes.

Rien n'était plus conforme au rôle de la France que d'affranchir l'Italie depuis les Alpes jusqu'à l'Adriatique. Quoi de plus noble, de plus grand, que de relever une nation amie, *d'éteindre*, comme disait lord Byron, *ce long soupir des siècles*, de créer une unité vivante avec ce qui n'était naguère, selon la parole dédaigneuse des diplomates, qu'une expression géographique !

Mais la guerre, moyen néfaste, instrument de la force et du hasard, trompe souvent toutes les espérances et trahit à la fois le vainqueur et le vaincu. Devant l'attitude menaçante de la

Prusse, l'empereur s'arrêta, laissant son œuvre inachevée et les relations internationales livrées à un trouble profond.

La situation restait indécise, pleine de périls. En présence de l'Autriche retranchée dans son quadrilatère et de l'Italie en armes, l'anxiété, la crainte du renouvellement de la guerre, pesaient lourdement sur toutes les affaires. L'Europe se sentait menacée de nouvelles convulsions.

Les intérêts en souffrance élevèrent alors la voix pour proposer une solution pacifique qui devait consister dans le rachat de la Vénétie par l'Italie, sous la garantie de toutes les puissances. L'intervention de l'Europe, reprenant dans l'intérêt de la paix la grande pensée de la Sainte-Alliance, aurait converti la transaction en un pacte solennel, en une convention de bien public. Cette idée formulée par M. Émile Pereire, dans un brochure (1) où respirait l'ardent amour de la paix, fut acceptée dans les sphères gouvernementales comme une heureuse et désirable solution, et fit en France de rapides progrès dans l'opinion ; elle fut soumise à la cour de Vienne par les hommes haut placés dans les finances et dans l'industrie.

Mais on a peu de chance d'être écouté, quand on ne représente que les intérêts du travail et de la paix. Dans les crises qui décident de la destinée des nations, la raison est rarement consultée. « *L'honneur parle, il suffit!* » telle est la politique des chefs militaires. L'Autriche refusa la sécurité qui lui était offerte. Refus aveugle qui contenait en germe l'alliance de la Prusse et de l'Italie, la terrible campagne de 1866, l'étourdissante rapidité des progrès de la Prusse, les angoisses de la

(1) *L'Empereur François-Joseph et l'Europe.* — 1860.

France, ses vains efforts pour conjurer le destin, et résister à l'Allemagne, ve ant, ivre d'orgueil, acclamer son empereur dans le palais c Louis XIV.

Pour prévenir tant de désastres, il eût suffi d'un éclair de bon sens et de raison!

C'est au milieu de telles épreuves que se poursuivit l'application des nouvelles conventions. Le réseau total, en 1859, comprenait 16,352 kilomètres, dont 7,774 pour l'ancien réseau. et 8,578 pour le nouveau, qui embrassait notamment toutes les lignes du Grand-Central ainsi garanties par l'État. Le relèvement du crédit des Compagnies leur permit de pousser activement les travaux ; elles arrivèrent à livrer chaque année, en moyenne, plus de 700 kilomètres à l'exploitation.

A la fin de 1861, le réseau national avait déjà une étendue de 20,000 kilomètres, dont 10,000 à peu près étaient exploités. La dépense faite montait, au 1er janvier 1861, à environ 4 milliards 611 millions, sur lesquels 811 millions au compte de l'État et 3 milliards 800 millions au compte des Compagnies. On avait encore besoin de 2 milliards 600 millions, d'après les évaluations officielles, pour les travaux restant à exécuter.

Le capital nécessaire à la construction du nouveau réseau était entièrement fourni par les émissions d'obligations. On voit quelle immense extension avait reçue l'idée suggérée par M. Isaac Pereire en 1849, et appliquée pour la première fois en 1851 ! Ce moyen de crédit, consacré et sanctionné par la garantie de l'État, est devenu le pivot et la base de tous les progrès accomplis par l'industrie des chemins de fer.

Nous ne pouvons apprécier aujourd'hui les effets du mécanisme imaginé en 1859. Toutes les fois que les revenus nets du nouveau réseau, augmentés des excédants *déversés* par l'ancien réseau, ont été inférieurs à 4 fr. 65 pour 100 du capital de construction, le Trésor a fourni la différence ; 550 millions ont été ainsi avancés par l'État. Les sommes déversées par les Compagnies se sont élevées à 600 millions.

C'est, on le voit, à l'action combinée de l'État et des Compagnies qu'a été due la création du second réseau.

L'industrie des chemins de fer ne pouvait rester stationnaire : des besoins nouveaux se révélaient chaque jour. La Compagnie du Midi avait soumissionné, dès l'année 1861, la ligne de Rodez à Montpellier et celle de Montpellier et de Cette à Marseille, destinées à développer les relations du centre et du sud-ouest avec le bassin de la Méditerranée, et à établir une communication directe entre les deux mers qui baignent les contrées méridionales. Le projet du chemin de fer de Cette à Marseille par le littoral avait passionné tout le Midi de la France. Une députation des membres des conseils généraux, des conseils municipaux et des chambres de commerce de vingt départements s'était rendue à Paris, auprès de l'Empereur, le 27 avril 1862, pour en réclamer l'exécution.

On était alors fort éloigné de voir dans cette extension légitime de la Compagnie du Midi un empiètement sur les lignes du Paris-Lyon-Méditerranée. L'idée de réseaux fermés les uns aux autres, séparés par des murailles de la Chine, inaccessibles et impénétrables, ne venait à l'esprit de personne.

Au projet du chemin du Littoral se liait celui d'une transformation de Marseille, dont le développement était arrêté par la configuration même de la ville resserrée entre deux hauteurs. L'ouverture d'une grande artère à travers la cité, l'établissement d'une grande gare maritime sur les terrains de la Société des Ports de Marseille, que l'on sauvait ainsi de la ruine, la construction, sur ces mêmes terrains, d'une douane, d'une manutention, d'une manufacture de tabacs et de nombreux magasins qui vivent du commerce, telles étaient les grandes améliorations projetées.

Cédant à d'augustes sollicitations qui le pressaient d'intervenir, le Crédit mobilier, qui avait sous son patronage spécial la Compagnie du Midi et la Compagnie immobilière, obtint la promesse formelle que le chemin du littoral de Cette à Marseille serait concédé à la première de ces Compagnies. Sur la foi de cette promesse, il s'entendit avec la Compagnie immobilière pour acquérir de la ville de Marseille et de la Société des Ports tous les terrains nécessaires à la réalisation de ce vaste projet.

Ces combinaisons, encouragées par le chef de l'État, présentaient au plus haut degré le caractère de l'utilité publique, le succès en était assuré; elles répondaient aux besoins et aux vœux de tous les conseils élus, de tous les corps constitués des départements du Midi; elles étaient enfin rendues nécessaires par le développement du commerce maritime qui devait résulter de l'ouverture du canal de Suez. Mais il n'est pas de combinaison qui puisse compter absolument sur l'avenir!

On n'avait pas apprécié suffisamment la puissance de la coalition des intérêts qui, comme on l'a vu, s'était nouée depuis longues années contre MM. Pereire; on ne pouvait prévoir de quel poids pèserait dans la balance la jalousie ombrageuse de la Compagnie de la Méditerranée, la résistance qu'elle lui inspirerait contre ce chemin du Littoral, dont l'établissement eût été cependant si favorable au rayonnement de sa ligne, à l'expansion de son trafic. Cette jalousie prenait sa source dans la crainte d'un partage d'influence sur une ville que les chefs principaux de cette Compagnie avaient tenue jusque-là sous leur dépendance exclusive; c'était un fief, un apanage, une souveraineté qu'ils défendaient. Pour éviter la concurrence dont elle se prétendait menacée, elle ne recula devant aucun sacrifice, devant aucune témérité; elle fit miroiter aux yeux du gouvernement les promesses les plus séduisantes; elle offrit de donner les plus larges satisfactions à la ville de Marseille et de dépenser cinq à six cent millions pour la construction de nouvelles lignes dans les Alpes, dans la Savoie et même en Algérie.

Le chef de l'État ne pouvait résister à des offres qu'il devait croire sérieuses et qui intéressaient de nombreuses populations. Il demanda à MM. Pereire de lui rendre sa parole. C'était une cruelle épreuve. Ils durent s'y résigner. Ils poursuivirent la tâche qui leur était imposée avec d'autant plus de courage et surtout, on peut le dire très haut, parce que c'est la vérité, avec un désintéressement absolu dont les preuves abondent.

On vit alors un étrange spectacle.

D'un côté, la Compagnie de la Méditerranée oubliant tous ses engagements, n'exécutant, dans les délais convenus, ni la ligne de Marseille à Aix, ni celle de Digne à Gap, ni dix autres lignes promises, ni surtout l'embranchement si important de l'Estaque au port de Marseille, lequel, concédé en 1863, aurait dû être terminé en peu d'années et ne l'est pas encore en 1879; cette même Compagnie, éludant les lois et les arrêtés ministériels, résistant à toutes les réclamations du conseil général des Bouches-du-Rhône, de la chambre du commerce et du conseil municipal de Marseille, et, en dépit de l'urgence, se dérobant, par tous les moyens dilatoires, à l'obligation de construire la gare maritime qui, seule, peut permettre à Marseille de lutter contre les ports de l'Italie.

D'un autre côté, la Compagnie Immobilière, affaiblie, penchant vers la ruine par suite de l'inexécution des promesses formelles qui lui avaient été faites et sur la foi desquelles elle avait engagé à Marseille d'immenses capitaux. Les achats des terrains nécessaires à l'établissement de la grande gare projetée et de l'avenue qui devait la relier au centre de la ville, étaient consommés, l'obligation de construire, dans un délai de trois ans, la rue Impériale était signée, et les bases essentielles de cette opération s'écroulaient dès le premier jour.

Un dédommagement, il est vrai, avait été stipulé en faveur de la Compagnie Immobilière : c'était la concession à la Compagnie du Midi de la gare maritime de Marseille, à laquelle devait aboutir le chemin de la Méditerranée par l'embranchement de l'Estaque. Le délai dans lequel cette Compagnie avait à se prononcer pour la construction de cette gare était limité à quatre années. La non-exécution de l'embranchement entraîna forcément l'abandon de la gare, qui n'avait plus dès lors aucune utilité, aucune raison d'être. Ainsi, après le retrait de la promesse du chemin du Littoral, la Compagnie Immobilière, malgré les dispositions législatives les plus formelles, n'eut ni l'embranchement ni la gare légalement promise.

Bien plus, l'État n'exécuta aucun des projets pour lesquels des îlots lui avaient été réservés dans les plans dressés à cet effet. Aucune déception n'était épargnée à cette malheureuse Compagnie, qui devait ainsi périr par l'excès de sa confiance et de son dévouement aux intérêts publics.

A ces causes de ruine, par un jeu cruel de la destinée, vinrent se joindre la félonie d'agents infidèles, les graves abus de leur gestion, les erreurs et les faux calculs d'un ingénieur en qui la Compagnie avait malheureusement placé sa confiance.

On ne peut enfin passer sous silence les rancunes de la Banque de France à l'égard de deux hommes qui avaient loyalement, dans un intérêt public, critiqué les vices de son organisation et combattu ses mesures usuraires, car cette institution avait exigé, comme prix du crédit sollicité d'elle pour un embarras passager, la retraite de ceux qui étaient seuls en mesure de sauver la situation (1).

Les intrigues, nous pourrions dire les manœuvres et les rigueurs calculées des hommes placés à la tête du Crédit Foncier, achevèrent l'œuvre de destruction.

Il n'est pas jusqu'aux appréciations de la justice qui n'aient aggravé cette situation ; avant de blâmer vivement, en 1870,

---

(1) Avant leur retraite, à laquelle MM. Pereire se résignèrent pour ne pas nuire aux intérêts qu'ils avaient sauvegardés depuis tant d'années, ils voulurent pourvoir aux besoins du Crédit Mobilier et de la Compagnie Immobilière en déterminant leurs collègues à garantir avec eux des effets souscrits à la Banque par les deux Sociétés et s'élevant à 36 millions.

Cette garantie fut plus tard convertie en un abandon volontaire de pareille somme, dans laquelle MM. Pereire entraient pour le chiffre de *douze millions*, sacrifice sans précédent, suivant M. le comte de Germiny lui-même, dans les annales financières.

Enfin, dans les derniers temps de leur administration, MM. Pereire étaient parvenus à réparer une grande partie du mal, en faisant restituer à la Compagnie Immobilière des sommes importantes prélevées par des entrepreneurs avec la complicité d'agents infidèles.

Malheureusement, il avait été stipulé que l'acte qui assurait ces restitutions serait consacré par un jugement du tribunal de Marseille, et l'incurie des hommes qui prirent la succession de MM. Pereire fut telle, qu'on ne s'occupa point de la régularisation de cet acte, et qu'on laissa le champ libre aux personnes qui avaient intérêt à le faire tomber. Il n'obtint donc pas la consécration du tribunal. L'abandon de cet arrangement, reconnu nécessaire et déjà en partie réalisé, a eu pour la Compagnie Immobilière les conséquences les plus funestes.

l'opération de Marseille, la justice avait décidé, par un arrêt rendu en 1865, que la Compagnie Immobilière n'avait pas payé assez cher les terrains, devenus si onéreux, de la Société des Ports, et avait alloué 2 millions de plus aux actionnaires de cette Société. Triste exemple des erreurs judiciaires !

Ce serait sortir du cadre de ce travail que de s'étendre sur les décisions rendues au détriment des victimes de ce drame financier, frappées dans leur fortune tout entière.

Dans ces jours d'épreuves, le vieil esprit des Parlements, rigoureux et dur, parut renaître pour juger, comme à d'autres époques, les hommes qui s'étaient voués à la création des plus grandes entreprises et que la fortune avait trahis. Nul n'a contesté au chancelier d'Aguesseau, qui, en 1720, n'avait pas dédaigné de recevoir des mains de Law lui-même des lettres de grâce et de rappel, la pureté de sa conscience et de ses intentions.

Mais que reste-t-il aujourd'hui des anathèmes judiciaires contre le financier célèbre qui eut le tort, a dit M. Adolphe Blanqui, l'économiste, d'avoir raison cent ans trop tôt, et qui, le premier, organisa de toutes pièces un système aussi compliqué que celui des banques de circulation, jetant ainsi dans notre pays les premiers fondements du crédit ? Ce ne sont pas les sentences de d'Aguesseau et du Parlement qui forment le jugement des nouvelles générations sur l'homme de génie qui, par un immense essor donné aux affaires, par le développement de l'industrie dans l'Ancien comme dans le Nouveau Monde, par de grands travaux qui subsistent encore, par son naufrage même, révéla au monde moderne les puissances de l'association.

Après sa chute, du fond de son exil, il écrivait encore au régent : « N'oubliez pas que l'introduction du crédit a plus apporté de changement entre les puissances de l'Europe que la découverte des Indes... et que les peuples en ont un besoin si absolu, qu'ils y reviennent malgré eux et quelque défiance qu'ils en aient. »

Les faits dont nous avons esquissé le récit seront jugés un jour plus équitablement.

Les hommes passeront, le temps aura bientôt emporté, avec les impressions du passé, les survivants de ces luttes éteintes. Mais ce qui reste des combinaisons de 1863, les travaux exécutés à Paris et à Marseille, les lignes ouvertes sur tous les points du territoire ; Marseille, enfin, doté tôt ou tard de cette grande gare si absolument nécessaire à son commerce, et qu'on lui dispute si obstinément, après en avoir empêché la construction par M. Pereire, ces œuvres et ces efforts suffiront à motiver les arrêts de la postérité.

LOI DE 1865

Au point où nous sommes parvenus, nous pouvons envisager dans leur ensemble les progrès accomplis en France par l'industrie des chemins de fer. Trois étapes principales ont été parcourues.

Les études, les essais, les discussions ont rempli toute la durée de la monarchie de Juillet. Cette première période, qui s'est prolongée jusqu'en 1852, a été marquée à son début par l'initiative de MM. Émile et Isaac Pereire, auxquels on doit la création du chemin de fer de Saint-Germain en 1835. Elle a été surtout caractérisée par les mémorables débats de 1837, 1838 et 1840, et par la loi de 1842, que l'on a appelée la première charte des chemins de fer. En déterminant avec justesse, au point de vue politique et économique, la direction des grandes artères, cette loi a réglé le mode d'intervention de l'État et associé ses forces à celles de l'industrie privée.

La seconde période, celle de 1852 à 1859, se distingue de la première par l'adoption du système financier qui a facilité aux Compagnies l'exécution de leurs travaux. C'est l'époque où le réseau national a pris l'extension la plus rapide et dans laquelle se sont effectués les remaniements et les fusions qui ont amené la constitution des six grands réseaux.

Enfin, sous l'empire des conventions de 1859, la troisième période a complété par la formation du second réseau ce merveilleux développement des chemins de fer.

Au 1er janvier 1865, la longueur totale des lignes concédées était de 21,060 kilomètres, sur lesquels 19,435 kilomètres appartenaient aux six grandes Compagnies et 1,625 kilomètres étaient répartis entre vingt et une Compagnies particulières.

Les 19,435 kilomètres des six grandes Compagnies étaient divisés ainsi : ancien réseau, 8,388 kilomètres; nouveau réseau, 11,047.

La longueur totale des lignes en exploitation était, au 31 juillet de la même année, de 13,370 kilomètres. Une nouvelle longueur de 500 kilomètres devait être terminée en 1865, et 1,300 kilomètres en 1866, de sorte qu'en moins de dix-huit mois la longueur exploitée devait représenter une étendue de plus de 15,000 kilomètres, composant les principales artères du mouvement commercial de la France.

A partir de cette époque, un nouveau délai de huit années environ devait suffire pour assurer l'achèvement de toutes les lignes alors concédées.

Ainsi constitués, l'ancien et le nouveau réseau paraissaient avoir atteint presque tout le développement que réclamait, à cette époque, l'intérêt général. L'État « avait donné satisfaction « à la passion universelle et justifiée des grandes lignes de « chemins de fer (1). » Il avait dépensé, pour les voies ferrées,

(1) Exposé de la situation de l'Empire.

1 milliard 400 millions il payait en outre, aux Compagnies, 40 à 50 millions à titre d'insuffisance des revenus qu'il leur avait garantis. On hésitait à exiger de lui, pour l'avenir, les mêmes efforts.

Une idée nouvelle se fit jour alors dans les conseils du gouvernement : celle de la création de chemins d'intérêt local construits et exploités à bon marché.

Ces chemins furent institués par la loi du 12 juillet 1865, que nous avons vue si malheureusement détournée de son but, et dont il importe de bien préciser l'esprit.

Les pouvoirs publics étaient fort éloignés de méconnaître, à cette époque, la nécessité d'ajouter de nouvelles lignes aux anciennes pour assurer à la France le rang que lui assigne l'importance de son commerce et de son industrie. La réforme de 1860, en renouvelant la vie économique du pays, avait créé partout des besoins nouveaux. Le gouvernement ne pouvait donc s'interdire, en 1865, de venir encore en aide à l'intérêt général, il était loin de sa pensée de former le grand livre des chemins de fer.

Mais un temps d'arrêt était imposé aux concessions nouvelles pour permettre aux grandes Compagnies d'achever ce qu'elles avaient entrepris. Il était peu opportun de décréter de nouvelles lignes, qui ne pouvaient plus offrir aux capitalistes des placements avantageux, alors que, dans chaque réseau, des lignes d'une certaine importance restaient à exécuter. Ce qui préoccupait surtout les pouvoirs publics, c'était l'établissement des chemins secondaires devant faciliter des relations locales et rattacher successivement aux grandes

artères les divers centres de population. Cette tâche ne pouvait incomber au gouvernement seul ; elle semblait naturelle-
ment dévolue aux départements et aux communes avec le
concours de l'État.

Telle fut la pensée qui présida à l'économie de la loi de 1865.
Dans l'exposé des motifs et dans les rapports des commissions, le caractère de chemins économiques fut nettement
attribué aux chemins de fer d'intérêt local.

« Ces chemins, d'une longueur limitée, s'étendant rarement
» au delà de trente ou quarante kilomètres, étaient exclusive-
» ment destinés à relier les localités secondaires aux lignes
» principales, en suivant soit une vallée, soit un plateau, et
» en ne traversant ni faîtes de montagnes ni grandes
» vallées (1). »

Une économie considérable devait être apportée dans leur
construction et dans leur exploitation.

Des précautions étaient prises par la loi contre la tentation
que pourraient avoir certains conseils généraux d'empiéter
sur les attributions du pouvoir central, en créant, sous le nom
de chemins d'intérêt local, des lignes qui auraient fait double
emploi avec les lignes d'intérêt général et auraient pris une
part de leur trafic.

Cela ressort nettement des paroles du rapporteur de la
loi. Ce qu'on s'était flatté d'empêcher, c'était, disait en effet
M. le comte Le Hon, la création « de voies ferrées n'ayant
» pas une destination purement locale; qui, au lieu d'être des
» affluent des grandes lignes, seraient venues leur faire con-
» currence, établir des communications plus directes et dé-

_____

(1) Exposé des motifs.

» ranger ainsi l'équilibre des réseaux attribués aux grandes
» Compagnies. »

Il y avait dans ces sages et prudentes paroles la prévision
de ce qui pouvait arriver et de ce qu'on devait éviter.

Précautions inutiles! le danger que l'on croyait avoir conjuré
ne tarda pas à se révéler avec une gravité effrayante. Sous le
poids des sollicitations dont il fut accablé, le pouvoir central,
après quelques actes de résistance, tels que le refus d'une
concession nouvelle d'un chemin de fer de Saint-Étienne à
Givors, céda à un dangereux entraînement; il laissa exécuter,
à titre de chemins d'intérêt local, des lignes qui rentraient
dans la catégorie des chemins d'intérêt général, comme ceux,
par exemple, d'Orléans à Rouen et d'Orléans à la mer.

L'un des caractères essentiels de la loi de 1865 était dans
le concours des départements et des communes. L'intérêt local
devait être démontré par les charges que s'imposaient les
intéressés. Rien ne pouvait mieux consacrer, disait-on, la
nécessité d'un chemin de fer que l'importance des ressources
de tout genre que les localités auraient pu réunir pour son
exécution.

L'État, de son côté, ne pouvait rester étranger aux efforts
qui allaient se produire; il devait fournir une part considérable de la dépense.

La loi de 1865 portait dans l'un de ses articles que des
subventions pouvaient être accordées sur les fonds du Trésor
public. Le taux de ces subventions était gradué en sens inverse
de l'importance du produit du centime additionnel au principal
des quatre contributions directes; il pouvait s'élever jusqu'à la
moitié de la dépense que le traité d'exploitation laissait à la
charge des départements, des communes et des intéressés.

Ces sages dispositions ont été presque toujours éludées. Le gouvernement, il est vrai, a libéralement accordé des subventions dans les limites même du maximum fixé par la loi ; ce n'est qu'en 1873, en raison des charges imposées à nos finances par les malheurs de la guerre, que ces subventions ont été réduites. Mais les conseils généraux et les populations intéressées, de concert avec des spéculateurs qui ne reculaient devant aucune promesse, ont pu trop souvent se dispenser de faire des sacrifices en modifiant le caractère des demandes de concession.

Les chemins de fer d'intérêt local, exigeant, d'après la définition même de la loi, le concours des départements et des communes, on demanda partout avec empressement des concessions d'intérêt général. Toutes les sollicitations, toutes les influences furent employées dans ce but.

Détournée de son esprit, dénaturée dans son application, la loi de 1865 devint une source d'abus. On en vit sortir les concessions les plus téméraires, les plus funestes aux spéculateurs même qui les avaient obtenues. Refusées par les grandes Compagnies, malgré la garantie de l'État, quelques-unes de ces concessions avaient été demandées sans garantie, en vue d'une concurrence préméditée vis-à-vis des lignes d'intérêt général par des raccourcis et des abréviations de distance. Illusion ruineuse que l'expérience a cruellement déçue!

Cette illusion se trouve nettement caractérisée dans le passage suivant d'une conférence faite récemment par un ingénieur expérimenté (1) :

_____

(1) Chabrier, *Conférences sur les chemins de fer et les routes*, 24 septembre 1878.

« En fait de chemin de fer, les raccourcis ne signifient
» absolument rien. Suivant le profil, une direction beaucoup
» plus longue donnera lieu à un transport moins coûteux, car
» la même machine qui peut, avec une même dépense, traîner
» soixante wagons sur une ligne à faible pente, ne pourra plus
» en traîner que vingt ou trente sur de fortes rampes. Il est
» moins coûteux d'aller à Marseille par Lyon que par le Bour-
» bonnais, bien qu'il y ait 200 kilomètres de plus ; et si le
» réseau du Midi appartenait à la Compagnie d'Orléans, on
» irait à Toulouse en passant par Bordeaux et non par Limo-
» ges. »

Les abus auxquels donnait lieu la loi de 1865 furent singu-
lièrement aggravés par la loi du 10 août 1871 qui, en permettant aux conseils généraux de se concerter pour des mesures
d'intérêt commun, rendit plus facile la réunion en un seul
faisceau de lignes situées dans plusieurs départements. C'est
ainsi que l'on vit se produire le projet d'un réseau du Sud-
Est, celui d'une ligne de Bordeaux au Mans, d'une autre ligne
de Calais à Marseille, enfin, d'une ligne dite *méridienne*, traversant la France de Dunkerque à Perpignan.

Au 31 décembre 1875 on comptait, en dehors des six grandes
Compagnies, 35 Compagnies nouvelles concessionnaires de
137 chemins de fer dans 41 départements. C'était la reconsti-
tution de l'état de choses vicieux auquel on avait cherché à
remédier par le système des concentrations et des fusions. Ce
n'était au fond qu'un système de pression exercé directement
ou indirectement sur toutes les Compagnies. La longueur
totale des chemins ainsi concédés était de 4,381 kilomètres.

Si toutes ces concessions n'ont pas abouti à des échecs, que
de mécomptes et d'aventures à enregistrer, sans parler des

chemins que l'État a dû récemment racheter pour cause de détresse! Que de déceptions rappelant celle du chemin de fer de Graissessac à Béziers! Que de spéculateurs et d'entrepreneurs dans l'impuissance de tenir leurs engagements! Que de chemins témérairement entrepris et dont le produit est resté inférieur aux frais même de leur exploitation! Que de séquestres et de faillites!

Battue en brèche de toutes parts, l'œuvre de 1852, si fortement organisée, a résisté aux chocs nombreux qui tendaient à la détruire. La constitution des grands réseaux, déjà mise à l'épreuve en 1862, par la concession des Compagnies des Charentes et des Vendées, n'a pu être un seul jour ébranlée. L'édifice est resté debout sur ses fortes assises. Les ruines accumulées autour de lui ont assez montré combien les œuvres patientes, bien conçues et puissamment organisées diffèrent des entreprises hâtives que nous avons vues partout se multiplier sous l'inspiration d'un aveugle désir de concurrence.

Sans l'ordre et la règle, en effet, sans un plan d'ensemble, rien de durable ne peut être fondé.

La loi de 1865 répondait à des besoins déjà manifestes à cette époque et qui sont devenus de jour en jour plus pressants. L'intention de cette loi a été presque constamment méconnue, et l'intérêt local en a retiré peu d'avantage.

Aujourd'hui encore, malgré l'expérience acquise, après de si tristes exemples, on s'attache, dans l'intérêt d'une fausse popularité, à créer à grands frais des milliers de kilomètres de chemins d'intérêt général en concurrence avec les lignes établies, improductifs pour la plupart et onéreux au Trésor comme aux Compagnies. Combien il serait plus profitable aux intérêts du pays de créer des lignes affluentes, et de pourvoir aux besoins d'intéressantes localités en les dotant de chemins économiques, qu'on pourrait facilement multiplier sur tous les points du territoire !

Nous voyons qu'on veut augmenter le nombre des rivières ; mais songe-t-on assez aux ruisseaux qui doivent les alimenter ?

CONCLUSION ET PROGRAMME

!

Arrivés au terme de notre étude sur le développement des chemins de fer en France, nous croyons être en mesure, à l'aide des enseignements que nous y avons puisés, d'indiquer la meilleure solution des questions qui se posent aujourd'hui devant nous.

L'histoire n'est que l'expression de l'état du milieu dans lequel se sont développés les faits qu'elle nous retrace.

Ceux qui prétendent la rectifier d'après leurs idées oublient que ces idées elles-mêmes ne sont que le résultat de l'expérience acquise, et qu'elles n'eussent pas été applicables au temps qu'ils veulent juger ; que chaque chose, en un mot, a eu sa raison d'être.

Au lieu de se livrer à de vaines critiques, il faut observer les faits du passé avec une haute impartialité, les admettre comme une nécessité à laquelle il était impossible de se soustraire, et s'en servir pour en déduire les règles et la direction de l'avenir.

Cette méthode n'est autre, d'ailleurs, que celle qui est employée dans les sciences d'observation.

Ajoutons que la nature ne procède jamais par sauts brusques, par changements instantanés, et qu'on ne saurait faire abstraction du passé, dans l'appréciation des résolutions que peut exiger la situation présente.

Les discussions qui ont préparé la loi de 1842, les crises de 1848, de 1851 et de 1857, l'utilité bien reconnue et consacrée par l'expérience des systèmes de 1852 et de 1859, les échecs mêmes et les désastres qui ont été la suite de l'application abusive de la loi de 1865, montrent avec évidence que les voies ferrées n'ont pu naître, grandir et prospérer que par le concours de l'État et de l'industrie privée.

Tout commande donc de maintenir et de resserrer, si c'est possible, cette association dont la puissance a été suffisamment éprouvée.

Rejeter aujourd'hui ce principe, diviser ce qui a toujours été uni, vouloir que l'État se sépare des Compagnies qui l'ont si puissamment secondé dans la création du premier et du second réseau, qu'il construise et exploite seul, en dehors d'elles ou en concurrence avec elles, les lignes complémentaires du réseau national, ce serait s'engager dans l'inconnu et s'exposer à compromettre à la fois l'œuvre du passé et l'œuvre de l'avenir.

Cela étant posé, nous avons à examiner comment l'action de l'État et celle des Compagnies pourraient se combiner désormais de la manière la plus rationnelle, la plus économique et la plus favorable aux intérêts généraux de la nation.

Les projets de M. le ministre des travaux publics consistent à ajouter aux :

5.400 kilomètres de chemins nouveaux déjà concédés à diverses Compagnies et non encore exécutés,

9.100 kilomètres de lignes d'intérêt général, et à faire entrer dans la même catégorie

2.500 kilomètres de lignes précédemment classées comme étant d'intérêt local.

—————

17.000 Ensemble.

La dépense d'exécution de ces lignes est évaluée, à raison de 200.000 fr. par kilomètre, à la somme de 3 milliards 400 millions à répartir sur une période de dix années.

Il semble résulter des conventions préparées ou en voie de préparation que le gouvernement serait dans l'intention d'exécuter lui-même la presque totalité des lignes nouvellement classées et d'en confier l'exploitation aux Compagnies, qui n'auraient à fournir que le matériel roulant.

Ce n'est, on le voit, qu'une extension de la loi de 1842.

Confier l'exploitation des lignes nouvelles aux Compagnies est une sage résolution, car celles-ci sont mieux placées que l'État pour les administrer commercialement et économiquement.

Le gouvernement garantirait aux Compagnies, pour les dépenses d'exploitation, un chiffre minimum de 6.500 francs par kilomètre, avec une augmentation proportionnelle à l'accroissement des recettes. Nous nous abstiendrons d'entrer dans l'examen de ces détails d'exécution; mais, sous ce rapport, nous dirons que les conditions exigées par les Compagnies pourraient être susceptibles de réductions d'autant plus grandes que le réseau serait plus étendu et comprendrait des lignes d'un plus faible trafic.

Ces réductions seraient plus fortes encore si le prix des matériaux et autres objets de consommation des chemins de fer venait à s'abaisser d'une manière sensible, ainsi qu'on le verra dans la suite de ce travail.

L'économie du projet étant ainsi déterminée, reprenons-en l'examen dans son ensemble.

Il est à regretter que le classement proposé ait été trop hâtif, et, par suite, très imparfait; qu'il comprenne comme lignes d'intérêt général un grand nombre de chemins considérés jusqu'ici comme chemins d'intérêt local, ce qui tient à ce qu'il n'a pas été établi une ligne de démarcation nette et précise entre les chemins d'intérêt général et ceux d'intérêt local, ces derniers devant être exécutés dans des conditions particulières de bon marché et d'économie.

Il est surtout à regretter qu'on n'ait pas rjouté à ce classement un certain nombre de lignes de moindre importance, que l'on pourrait considérer comme analogues à nos routes départementales, et qu'on ait écarté complétement celles correspondant à nos chemins vicinaux.

Au moyen du classement de ces dernières lignes, dont l'utilité n'est pas conte   , le projet aurait présenté un ensemble dont toutes les p   e seraient combinées de la manière la plus utile et la plus féconde pour les nombreux intérêts engagés dans l'industrie des chemins de fer; il aurait permis de satisfaire à toutes les demandes et de répondre à tous les besoins de la production nationale.

L'abandon dans lequel a été laissé ce nouveau réseau est d'autant plus fâcheux qu'il aurait pu, à l'aide de certaines combinaisons que nous allons exposer, atteindre une longueur presque égale à celle du réseau d'intérêt général proposé par M. le Ministre des Travaux publics, sans grever le Trésor de dépenses supplémentaires.

L'ensemble du réseau à construire aurait pu être ainsi porté à 30,000 kilomètres.

Pour obtenir un résultat si désirable, il faut admettre en premier lieu que le classement des 17,000 kilomètres d'intérêt général pourrait subir quelques modifications ayant pour objet d'en retirer les lignes les moins importantes, pour les faire rentrer dans le réseau des chemins d'intérêt local, et en second lieu qu'une grande partie des lignes d'intérêt vicinal seraient exécutées avec le concours des départements et des communes.

Ces dernières lignes, à voie étroite, et placées, pour la plupart, sur les accotements des routes, n'exigeraient pas, en moyenne, une dépense de plus de 60,000 francs par kilomètre.

Mais ces modifications et ces dispositions ne constituent pas l'objet principal du système que nous avons à développer. Il est d'autres résultats bien plus importants à obtenir : ce sont les économies et les réductions de dépenses qui pourraient être réalisées tant par le bon marché des capitaux résultant de l'emploi d'un système financier en rapport avec les nécessités de la situation, que par l'entrée en franchise des matériaux de la voie et du matériel nécessaires à l'exploitation des lignes nouvelles.

La création du 3 pour 100 amortissable imaginé par M. le Ministre des Finances avait pour but de fournir à M. de Freycinet les moyens de mettre ses plans à exécution.

Cette création a complètement avorté.

Ce 3 pour 100 est intrinsèquement au-dessous du 3 pour 100 perpétuel, car il devrait y avoir entre les deux fonds une différence de 5 fr. 86, représentant les charges de l'amortissement au pair, tandis que la différence réelle est à peine de 2 fr. 20, d'où résulte pour l'État une perte de 3 fr. 66, ou de 146 millions dans l'hypothèse d'une émission de 3 pour 100 amortissable au lieu de 3 pour 100 perpétuel, pour la réalisation de la somme nécessaire à l'exécution du réseau. Cette perte se trouverait encore aggravée pour la portion du nouveau réseau dont l'exécution aurait lieu par l'intermédiaire des Compagnies avec leurs propres capitaux.

Mais, si l'on considère que ce fonds n'a pas été adopté par le public, qu'il n'est pas classé et qu'il est presque tout entier dans les mains de la spéculation, on pourrait prévoir que, dans l'hypothèse d'émissions nouvelles plus importantes, l'écart entre les deux fonds serait supérieur à 3 fr. 66, et, par conséquent, le supplément de dépenses beaucoup plus élevé.

Force est donc d'y renoncer et d'en revenir au 3 pour 100 perpétuel. La perpétuité est ici entièrement en situation, puisque les travaux à effectuer doivent avoir pour effet d'augmenter la prospérité de la France, et de fournir ainsi, par mille canaux, des revenus bien supérieurs aux intérêts des nouveaux emprunts.

Nous croyons avoir fortement établi, dans nos précédentes publications (1), le principe de la perpétuité des emprunts productifs, dont les charges sont largement compensées par les avantages durables qu'ils procurent; mais la démonstration en a été faite de la manière la plus positive par MM. Krantz

(1) *Questions financières*, par M. I. Pereire.

et de Freycinet, bien que ces messieurs aient tiré de leurs
calculs des conséquences sur lesquelles nous devons faire des
réserves.

Ainsi, M. Krantz disait en 1875 :

« Il nous reste, sur les routes de terre, cinq milliards envi-
» ron de tonnes kilométriques, lesquelles aujourd'hui sont
» transportées à un prix qui ne descend pas au-dessous de
» 30 centimes par kilomètre, et s'élève même à 50 centimes
» quand il n'y a pas de retour. Si, avec la construction de nos
» vingt mille kilomètres de chemins de fer, nous détournons
» un milliard de tonnes et les transportons à 10 centimes,
» nous réalisons, de ce chef, une économie de 20 à 40 centimes
» par tonne, soit, pour un milliard de tonnes, une économie
» totale de deux cents millions de francs au bas mot.

» Cette économie actuelle équivaut au gain d'un capital de
» quatre milliards et nous permettrait de subventionner, sans
» amoindrissement réel de la fortune publique, chaque kilo-
» mètre à deux cent mille francs, c'est-à-dire à le payer com-
» plètement. »

M. de Freycinet, admettant la donnée de M. Krantz, réduit
de 10 à 6 centimes les frais de transport obtenus par la voie
des chemins de fer, ce qui l'amène à conclure que le pays
s'enrichirait de quatre fois le montant de la recette brute des
nouveaux chemins (1).

Ces calculs, vrais pour la plupart des chemins, ne sauraient
l'être pour ceux dont les faibles recettes, ne couvrant pas les
intérêts de la construction, doivent rester encore au-dessous

(1) Voir l'exposé des motifs de M. le ministre des travaux publics sur la
construction du nouveau réseau.

des dépenses de l'exploitation, ce qui est le cas pour un grand nombre d'entre eux.

Ils n'en prouvent pas moins que le pays pourrait entrer largement dans la voie des emprunts perpétuels, dont l'emploi serait consacré à la création de travaux ayant pour objet d'augmenter la prospérité nationale.

Ils démontrent encore les immenses avantages que retireraient les Compagnies actuelles de chemins de fer, de la création d'un réseau qui amènerait sur leurs lignes une portion notable des cinq milliards de tonnes transportées aujourd'hui à grands frais sur nos routes de terre.

De pareils avantages mériteraient bien quelques sacrifices de la part des Compagnies. Nous verrons plus loin quelle devrait être la nature de ces sacrifices.

La création d'un fonds amortissable était le contraire de ce que le gouvernement aurait dû faire.

Disposant d'un crédit supérieur à celui des Compagnies de chemins de fer, il aurait pu même en faire profiter ces Compagnies dans un intérêt public, en leur donnant de la rente perpétuelle en échange de leurs propres obligations, de même que celles-ci substituent leur crédit à celui des lignes secondaires, pour leur procurer à meilleur marché les capitaux qui leur sont nécessaires (1).

Il y aurait encore peut-être, dans l'extension du système que nous indiquons à l'occasion de la construction du nouveau

(1) C'est ce que fait en particulier depuis longtemps la Compagnie du Nord à l'égard des Sociétés locales formées pour la création d'embranchements à voie étroite servant d'affluents à ses lignes. Si le même système était adopté par les autres Compagnies, le développement du réseau vicinal pourrait être très rapide, grâce à l'action d'un certain nombre d'ingénieurs civils qui ont déjà fait à ce sujet leurs preuves de construction économique et de bonne administration.

réseau, un moyen de conversion avantageux des obligations émises, un mode simple et volontaire de rachat partiel des chemins de fer.

Pour compléter nos idées sur les systèmes les plus économiques à adopter pour obtenir dans les meilleures conditions les capitaux nécessaires à la construction des nouveaux chemins, nous ajouterons que la capitalisation de l'économie qui résulterait de la conversion fournirait, sans bourse délier, une portion notable des ressources nécessaires, et que le recours à la Banque de France devrait entrer dans les projets de l'État comme l'un des moyens de trésorerie le plus avantageux.

Après nous être livré à l'examen des projets de M. le ministre des travaux publics et de M. le ministre des finances, après avoir fait entrevoir la possibilité d'une extension considérable du réseau des chemins à construire sans aggravation de charges pour le Trésor, il nous reste à indiquer les moyens d'atteindre ce but et à développer les conséquences de la réalisation de notre programme.

Les vices de notre régime économique sont un des plus grands obstacles au développement de la richesse nationale.

Parmi ces vices, nous signalerons en particulier les droits excessifs qui ne permettent pas l'entrée des matériaux et des machines nécessaires à la construction et à l'exploitation de nos chemins de fer, qui en élèvent artificiellement le prix, restreignent par conséquent l'extension du réseau et contribuent à l'augmentation des tarifs dont souffrent l'industrie et le commerce.

Sait-on bien ce que ce monopole ferait peser sur la communauté en ce qui touche les chemins à construire dans le système de M. le ministre des travaux publics?

Dans le chiffre de 3 milliards 400 millions, montant de la dépense des 17,000 kilomètres à construire suivant les évaluations du ministre, celle des rails, des autres accessoires métalliques de la voie et du matériel de l'exploitation, est comprise pour plus d'un milliard, et dans cette somme le surenchérissement des prix de ces objets provenant de l'existence des droits de douane entre pour 330 millions, auxquels il faudrait ajouter encore 100 millions pour les 13,000 kilomètres de chemins vicinaux dont nous proposons l'exécution, soit, en tout, 430 millions, qui seraient prélevés sur le pays par l'industrie métallurgique.

Est-il juste que le gouvernement livre une aussi riche proie à nos maîtres de forge et à nos constructeurs français, qu'il les laisse maîtres d'élever à leur volonté les prix de ces objets jusqu'au niveau des droits d'entrée, et les enrichisse ainsi aux dépens des contribuables?

Est-il juste que la France se trouve ainsi placée, pour la construction de ses chemins de fer, dans un tel état d'infériorité vis-à-vis de l'étranger?

En vain invoquerait-on, en faveur de l'industrie métallurgique, les souffrances que lui cause la crise commerciale qui pèse sur la France depuis plusieurs années.

N'est-il pas certain que cette crise disparaîtrait immédiatement et que les affaires prendraient le plus vif essor, si le gouvernement entreprenait résolûment la construction de 30,000 kilomètres de chemins de fer?

On ne saurait dire les immenses résultats qui en seraient la conséquence, l'activité qui se produirait dans les diverses branches du travail, l'aisance qui se répandrait dans toutes les classes de la société. L'on peut affirmer particulièrement que les demandes de fer afflueraient de toutes parts pour les besoins de l'industrie du bâtiment comme pour ceux de l'agriculture.

Quoi qu'il en soit, nous ne voulons pas nous borner à répondre par des généralités aux doléances que les parties intéressées pourraient faire entendre.

Si, d'une part, nous nous élevons contre les profits que le maintien du régime actuel des douanes procurerait, dans l'établissement des lignes nouvelles, à l'industrie métallurgique; de l'autre, nous trouverions excessif qu'on abandonnât, sans compensation, à l'industrie des chemins de fer, les avantages qui résulteraient pour elle de la modification du régime des douanes, ainsi que de la riche dotation des 30,000 kilomètres qui seraient ajoutés au réseau actuel.

Encore ces avantages ne sont-ils pas les seuls dont jouiraient les Compagnies de chemins de fer.

Il faudrait y ajouter le bon marché de la houille, l'un des principaux éléments de leur exploitation, si, comme nous l'avons maintes fois demandé dans l'intérêt de l'industrie tout entière, les droits d'entrée sur ce combustible venaient à être supprimés.

En échange de toutes ces faveurs, ne serait-on pas fondé à demander des abaissements sur les tarifs de transport?

Mais dans quelles limites ces demandes pourraient-elles s'exercer légitimement et sur quels objets devraient-elles porter?

Nous avons combattu la proposition de M. Allain-Targé ayant pour but d'attribuer au gouvernement le règlement des tarifs de la Compagnie d'Orléans, parce qu'elle ne tendait à rien moins qu'à déposséder les Compagnies de ce qui constitue leur véritable droit de propriété; mais il n'en serait pas de même pour des abaissements contradictoirement débattus et librement consentis, qui ne porteraient que sur le transport des matières premières.

Les matières premières sont l'élément essentiel, la vie même de l'industrie; — c'est sur elles que s'exerce le travail par lequel s'accroît la prospérité générale et particulièrement l'aisance de la population ouvrière.

L'industrie des chemins de fer serait la première à profiter de ce développement et de l'accélération qu'en recevrait le mouvement des hommes et des choses.

Le bon marché qui résulterait des réductions sur les matières premières, profiterait non seulement aux chemins de fer pour les matériaux à leur usage, mais surtout aux industries protégées, à celle des maîtres de forges comme à celle des filateurs.

Il profiterait encore à l'agriculture, si ces abaissements s'étendaient au transport des engrais.

Supposons que le charbon, le minerai, la fonte, les engrais, les cotons, les laines soient transportés sur les chemins de fer à des prix se rapprochant de ceux de revient, c'est-à-dire de un centime et demi à trois centimes par tonne et par kilomètre.

Le prix de revient du transport des marchandises sur les grandes artères, sur les lignes de l'ancien réseau, est, en effet, de 2 centimes en moyenne par tonne et par kilomètre : 1 centime pour la traction et 1 centime pour les autres frais d'exploitation.

Mais le coût de la tonne kilométrique est inférieur pour les marchandises qui, comme la houille, peuvent être transportées par trains complets et à de grandes distances; il s'abaisse alors à *un centime et demi* par tonne et par kilomètre; le minerai et les fontes peuvent coûter *deux centimes*, et le coton, la laine, etc., *trois centimes*.

Si l'on obtenait de pareils prix de transport, qui sont inférieurs à ceux des canaux, les dépenses qu'on se propose de faire pour ces voies navigables, dans le but de faire concurrence aux chemins de fer, deviendraient parfaitement inutiles, et, de ce chef, il y aurait, pour l'État, une économie de plus d'un milliard.

Dans ces conditions, notre industrie métallurgique ne pourrait-elle pas lutter avantageusement contre l'étranger pour la fourniture des rails et autres objets qui seraient spécialement exemptés de tous droits d'entrée? Les faits suivants montreront qu'il en serait ainsi inévitablement.

Pour faire une tonne de fer, il faut 3 tonnes de houille et 3 tonnes de minerai. Que le transport soit réduit de 5 fr. par tonne pour la houille, de 5 fr. sur le minerai, et le fer coûtera 30 fr. de moins par tonne (valeur du droit réel sur les fers, en tenant compte des résultats des acquits à caution); cette réduction serait plus grande encore pour les fers et les aciers, qui exigent des minerais étrangers sur le transport desquels la différence de prix pourrait être de 10 francs au moins par tonne. La franchise que nous réclamons serait, comme on le voit, absolument sans danger pour nos forges, et l'expérience qui en serait faite fournirait l'occasion de montrer qu'elle pourrait être étendue à d'autres objets; sa généralisation, exempte de tous inconvénients, n'aurait que des avantages pour les intérêts aujourd'hui en lutte.

Quelles objections sérieuses les filateurs qui exploitent le pays d'une manière si cruelle, sous le faux prétexte de l'intérêt du travail national, pourraient-ils élever contre l'introduction libre des filés étrangers, alors que la houille et les fers entreraient en franchise et que les cotons d'Égypte ou d'Amérique seraient transportés sur nos voies ferrées avec de fortes réductions?

N'y aurait-il pas encore dans l'abaissement du transport des engrais, comme dans la construction du réseau vicinal des chemins de fer, une satisfaction suffisante donnée aux intérêts de l'agriculture?

Il est superflu d'insister sur l'immense bienfait qui résulterait de l'ouverture de ces chemins pour les campagnes éloignées des centres de population, et dont les produits se consomment sur place faute de moyens économiques de transport.

Nous évaluions naguère à 240 millions l'impôt que la protection prélève sur les consommateurs français. Au moyen de nos combinaisons, cet impôt disparaîtrait complètement, sans la moindre souffrance pour ceux qui en profitent aujourd'hui, et la suppression d'une pareille charge, aussi exorbitante qu'illégitime, infligée au pays au profit d'un petit nombre de privilégiés, n'occasionnerait au Trésor qu'un sacrifice de 39,400,000 francs se répartissant ainsi :

Houille.	9,000,000
Fontes et fers.	3,300,000
Machines à filer, à tisser et autres.	3,000,000
Fils de laine, coton, etc.	6,000,000
Tissus de laine, lin et chanvre. . .	8,300,000
Tissus de coton.	9,800,000
	39,400,000

Sans tenir compte de l'économie importante qui pourrait être réalisée dans la dépense du personnel des douanes.

Et encore, dans le chiffre de 9,300,000 francs pour les tissus de coton, les droits acquittés sur ceux provenant de l'Alsace figurent pour plus de 6 millions; ce qui indique suffisamment l'inanité, l'absence de tout fondement des plaintes que font entendre les filateurs de Rouen, puisque les fabricants alsaciens, nos anciens compatriotes, peuvent faire entrer leurs produits en France en concurrence avec ceux de leurs confrères de Rouen, malgré l'aggravation des droits de douane.

Il n'en coûterait donc au Trésor que 39,400,000 francs pour réaliser complètement le libre échange en France, c'est-à-dire pour admettre en franchise tous les produits étrangers et pour délivrer le pays de l'impôt énorme de 240 millions payé à des particuliers par la population tout entière!

En résumé, sur les 3 milliards 400 millions demandés par M. le ministre des travaux publics pour l'exécution de 17,000 kilomètres de chemins de fer, on peut économiser. 143,000,000

en empruntant ce capital en 3 pour 100 perpétuel.

Sans compter les économies qui pourraient résulter de la substitution du crédit de l'État à celui des Compagnies pour les travaux laissés à leur charge.

La révision du projet de M. le ministre des travaux publics devrait faire reporter dans la catégorie des chemins d'intérêt local un grand nombre de chemins classés indûment comme étant d'intérêt général, et dont la construction

A reporter. 143,000,000

Report.	143,000,000

sera extrêmement coûteuse. La moitié au moins se trouvent dans ce cas.

Toutefois, nous ne ferons entrer dans nos calculs que l'économie à réaliser sur les 2,500 kilomètres de chemins d'intérêt local classés à tort comme lignes d'intérêt général, et dont la construction ne coûterait que 100,000 fr. par kilomètre, ce qui réduirait la dépense de. . 250,000,000

Enfin, la franchise de douane sur les matériaux permettrait une économie de . . . . . . 430,000,000 en comprenant dans le calcul de cette économie sur les droits d'entrée les 13,000 kilomètres de chemins vicinaux que nous proposons d'ajouter au programme du ministre.

Total. 823,000,000

Avec ces 823 millions, on pourrait aisément construire les 13,000 kilomètres de chemins vicinaux, à raison de 60.000 fr. par kilomètre, en faisant à l'imprévu la part la plus large.

Dans notre pensée, ces travaux devraient être exécutés dans un moindre délai que celui prévu par M. le ministre des travaux publics, afin que les combinaisons indiquées pussent être, autant que possible, simultanées, et produire ainsi tout l'effet qu'on doit en attendre.

Tout se lie dans le système de la protection comme dans celui de la liberté.

Les charges énormes des tarifs protecteurs appellent des compensations en faveur des industries qui souffrent de ce régime, comme le prouve le projet de loi en discussion sur la marine marchande.

Est-ce que, si tous les éléments de la construction des navires en France entraient · franchise, on serait obligé de grever le Trésor de subventi · onéreuses en faveur des constructeurs?

Est-ce que, si l'on avait obtenu les rails et autres accessoires de la voie à meilleur marché, les subventions données par l'État aux chemins de fer auraient été aussi élevées? Est-ce que les contribuables et les consommateurs ne sont pas atteints gravement dans leur fortune par les impôts créés en faveur des maîtres de forges et des filateurs?

Ces exemples pourraient être multipliés à l'infini.

Avec la liberté, tout s'abaisse au profit des producteurs comme des consommateurs, car le bon marché est le plus grand des encouragements qui puisse être donné à la consommation et à la production; l'alimentation comme le vêtement du peuple s'améliorent dans des proportions inconnues; les industries factices font place à des industries réelles, vivant de leur propre vie; elles se transforment librement, suivant la nature du sol et le génie des habitants de chaque pays; les échanges se multiplient et le trafic des chemins de fer prend un essor inattendu.

Le bon marché des matières premières amènerait nécessairement celui des produits fabriqués.

Ces produits, représentant, sous un faible volume, une grande valeur dans laquelle les frais de transport n'entrent que pour une portion minime, n'ont pas, au point de vue de l'intérêt public, les mêmes titres que les matières premières à une réduction des tarifs; la réduction qui leur serait accordée ne serait qu'une subvention indirecte donnée à des producteurs déjà largement favorisés, au détriment de l'industrie des chemins de fer.

Nous le répétons, les abaissements de tarifs sur les matières premières sont la seule chose qu'il importe de demander aux Compagnies de chemins de fer, et, dans notre système, ces abaissements, qui sont le point essentiel, seraient obtenus, par voie de conciliation, au moyen d'une heureuse combinaison d'efforts, au lieu de l'être, comme le voudraient les adversaires des Compagnies de chemins de fer, par voie de concurrence et de contrainte, au détriment des intérêts d'une grande industrie comme de ceux du Trésor.

Le classement proposé par M. le Ministre des travaux publics n'étant en grande partie que la reproduction des lignes entreprises ou des concessions sollicitées sous l'empire de la loi de 1865 (1), ses avantages sont justement contestés par les Compagnies; il importe donc que le classement présenté soit

---

(1) Parmi les lignes énumérées dans le classement projeté, il en est bien peu qui aient le caractère d'affluents aux chemins existants, destinés à en alimenter le trafic.

Au contraire, elles relient pour la plupart des stations déjà desservies et constituent par leur réunion ces chemins qui, se glissant à travers les mailles du réseau des grandes Compagnies, étaient destinés, dans les combinaisons enfantées après 1865, à en détourner, à en drainer le trafic.

Des lignes comme celles de Valenciennes à Laon et Château-Thierry, Hirson à Busigny, Honfleur à Étampes, Melun et Coulommiers, Limoges à Aurillac, Bazas à Auch et Lannemezan, Mont-de-Marsan à Saint-Sever et Pau, et tant d'autres, sont des lignes faisant double emploi et dont les recettes seront obtenues en grande partie aux dépens des recettes des chemins actuels.

Quant aux autres chemins compris dans le classement, combien en est-il, comme ceux de Saint-Girons à Foix, Quillan à Rivesaltes, Prades à Olet, Aubusson à Neussargues, qui exigent des frais de construction hors de toute proportion avec l'utilité et le produit des lignes?

Enfin, chose curieuse, Tours deviendrait le centre de huit lignes et se trouverait plus favorisé que Paris, que la capitale même de la France.

révisé, afin de substituer des lignes affluentes à celles faisant double emploi et qui n'ont d'autre objet que de créer des concurrences ruineuses et de satisfaire des intérêts de clocher. Ces abaissements seraient l'équivalent et le complément de l'entrée en franchise des matières premières décrétée en 1860.

Aucune objection sérieuse ne saurait s'élever contre un pareil programme; sa réalisation marquerait une ère de prospérité incomparable pour la France, et l'exemple donné par elle s'étendrait à toutes les nations.

Ainsi pourraient disparaître sans inconvénient les traités particuliers de commerce indispensables dans l'état actuel des choses.

L'existence même d'un tarif général deviendrait inutile.

Ce ne serait pas, comme on l'a dit, *l'état de nature* dans lequel on tomberait, mais *l'état naturel* et vrai, l'état de civilisation qui l'emporterait enfin sur les mesures sauvages et absurdes prises par chaque pays pour s'assurer le *monopole* de la vente de ses produits et se soustraire à l'obligation de recevoir en échange ceux des autres nations.

Le pays qui, le premier, rentrerait ainsi dans la vérité, serait celui dont la population pourrait aspirer à la plus grande somme de jouissances matérielles, celui dont les habitants seraient le mieux nourris et le mieux vêtus, et où les classes les plus nombreuses feraient des progrès d'autant plus rapides, que les notions de justice, sous le souffle du sentiment religieux le plus élevé, provoqueraient une meilleure distribution des richesses sociales.

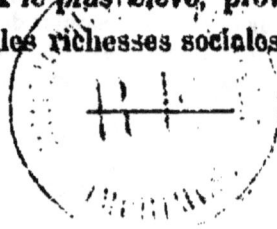

TABLE DES MATIÈRES

PARIS. — IMPRIMERIE MOTTEROZ

30, rue du Dragon.

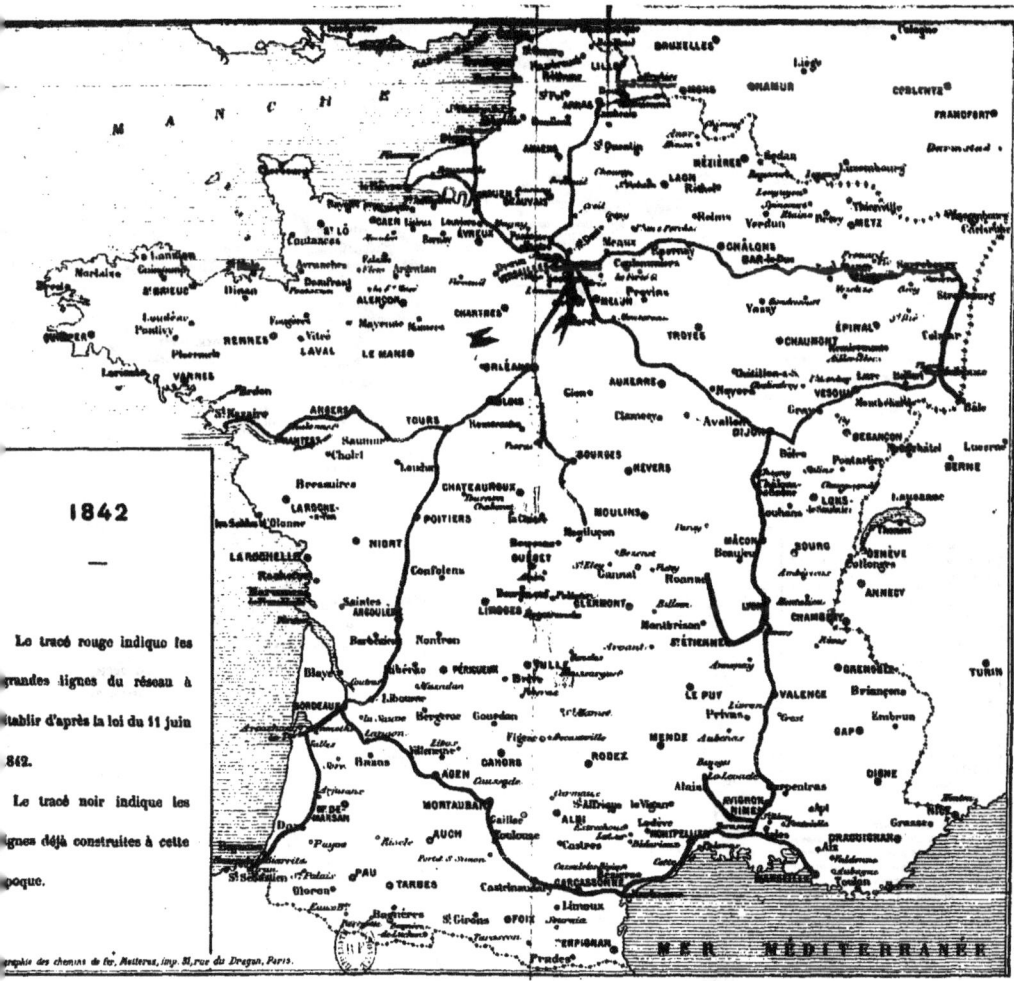

MANCHE

MER MÉDITERRANÉE

graphie des chemins de fer, Matterus, imp. 81, rue du Dragon, Paris.

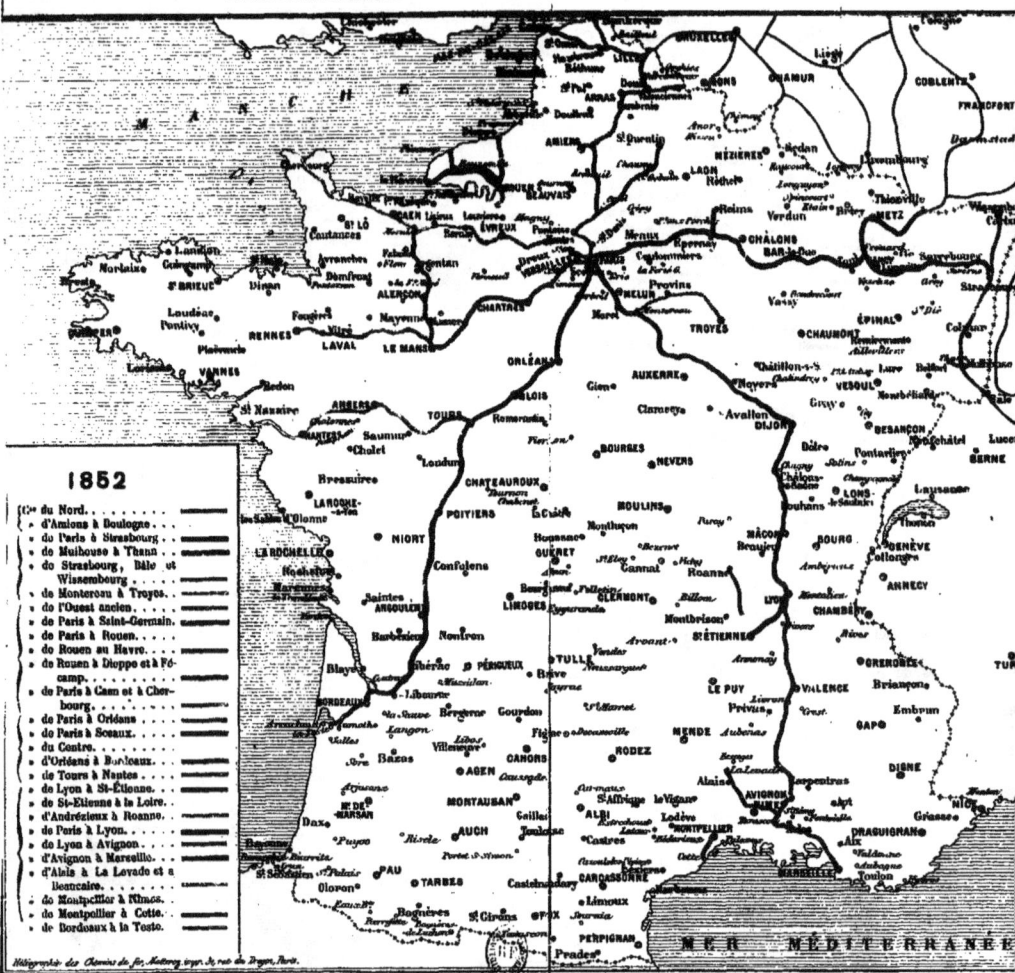

1852

Cⁱᵉ du Nord. . . . .
d'Amiens à Boulogne . . .
du Paris à Strasbourg . . .
de Mulhouse à Thann . . .
do Strasbourg, Bâle et
Wissembourg . . . . . .
de Montereau à Troyes . .
do l'Ouest ancien . . . . .
de Paris à Saint-Germain .
de Paris à Rouen . . . . .
do Rouen au Havre . . . .
de Rouen à Dieppe et à Fé-
camp. . . . .
de Paris à Caen et à Cherbourg. . . . .
de Paris à Orléans . . . . .
do Paris à Sceaux . . . . .
du Centre . . . .
d'Orléans à Bordeaux . . .
de Tours à Nantes . . . . .
de Lyon à St-Étienne . . .
de St-Étienne à la Loire . .
d'Andrézieux à Roanne . .
de Paris à Lyon . . . . . .
de Lyon à Avignon . . . .
d'Avignon à Marseille . . .
d'Alais à La Levade et à
Beaucaire. . . . .
do Montpellier à Nîmes . .
do Montpellier à Cette . .
de Bordeaux à la Teste. . .

Héliographie des Chemins de fer, Maresq, impr. 2, rue de Buçy, Paris.

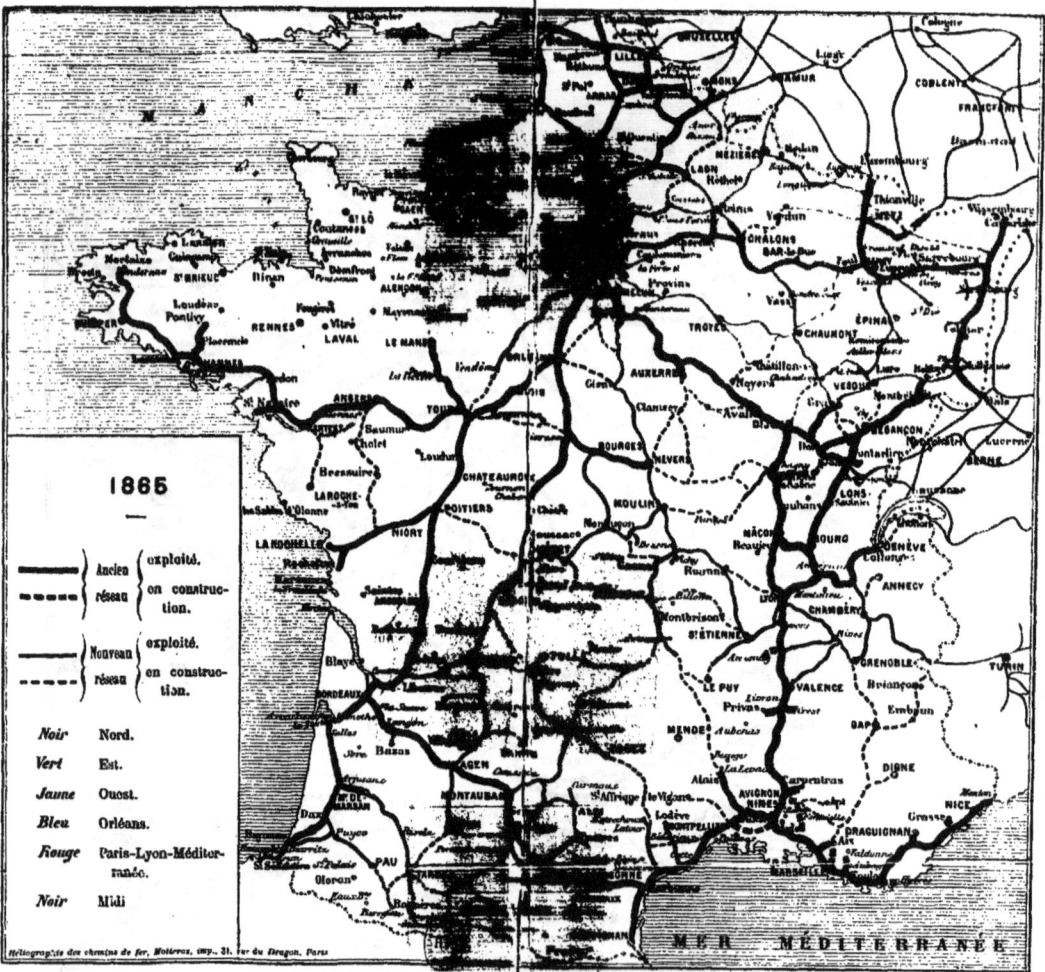

1865

———	Ancien	exploité.
- - -	réseau	en construction.
———	Nouveau	exploité.
- - -	réseau	en construction.

Noir   Nord.
Vert   Est.
Jaune   Ouest.
Bleu   Orléans.
Rouge   Paris-Lyon-Méditerranée.
Noir   Midi

Héliographie des chemins de fer, Notérax, imp., 31, rue du Dragon, Paris

MANCHA

MER MÉDITERRANÉE

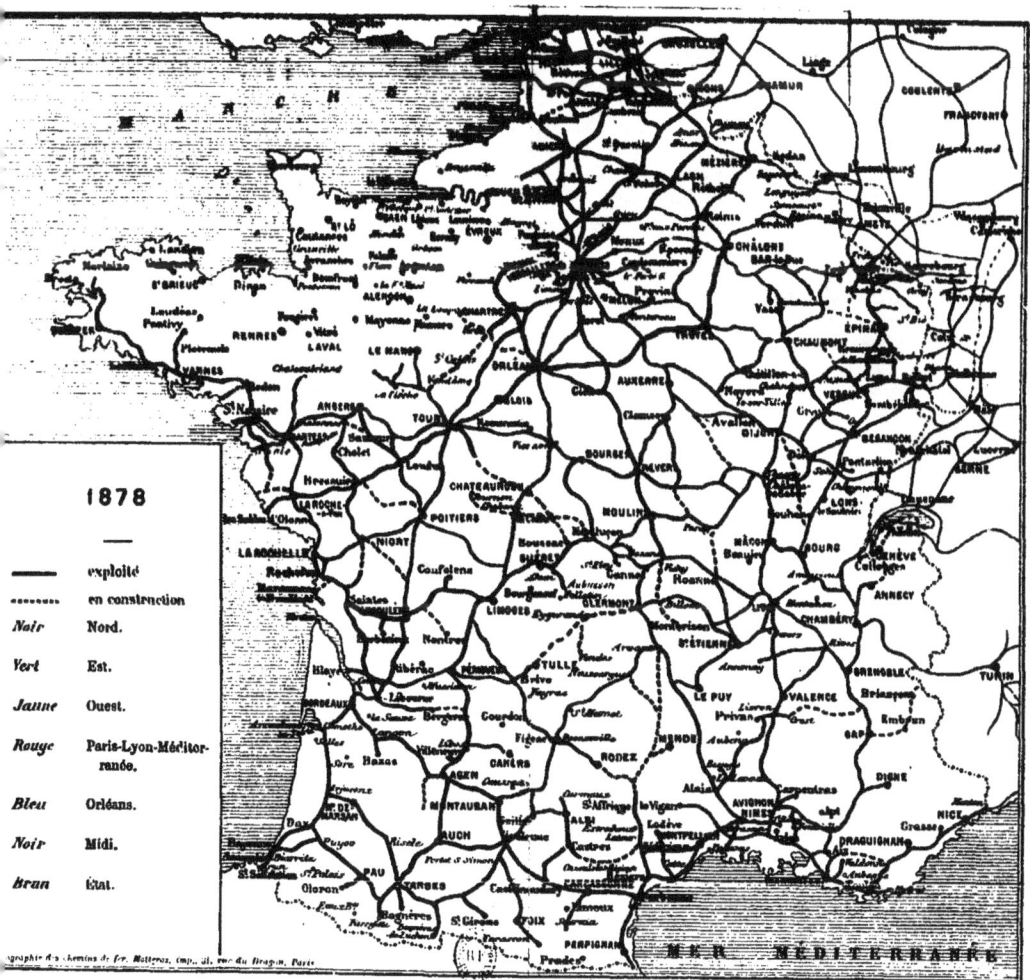

1878

—

———	exploité
--------	en construction
Noir	Nord.
Vert	Est.
Jaune	Ouest.
Rouge	Paris-Lyon-Méditerranée.
Bleu	Orléans.
Noir	Midi.
Bran	État.

www.ingramcontent.com/pod-product-compliance
Lightning Source LLC
Chambersburg PA
CBHW070521200326
41519CB00013B/2875